观赏海棠病虫害防治

GUANSHANG HAITANG
BINGCHONGHAI
FANGZHI

主编
张往祥 周婷 章广兴

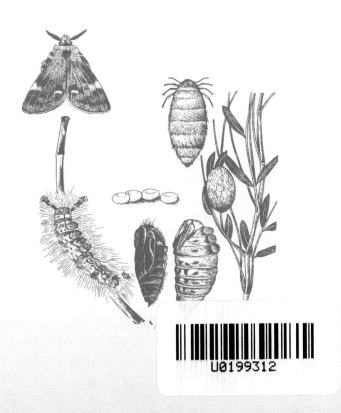

中国林业出版社

图书在版编目（ＣＩＰ）数据

观赏海棠病虫害防治 ／ 张往祥，周婷，章广兴主编.
——北京：中国林业出版社，2016.12
ISBN 978-7-5038-7812-1

Ⅰ．①观… Ⅱ．①张… ②周… ③章… Ⅲ．①海棠－
病虫害防治 Ⅳ．①S661.4

中国版本图书馆CIP数据核字（2014）第312432号

主　编	张往祥
	周　婷
	章广兴

编写人员	丁彦芬
（按姓氏笔画）	朱克恭
	刘岩岩
	张往祥
	周　婷
	唐进根
	章广兴

中国林业出版社·建筑家居出版分社

责任编辑：　纪　亮　王思源
书籍设计：　德浩设计工作室

出　　版　中国林业出版社（100009 北京西城区刘海胡同7号）
网　　站　http://lycb.forestry.gov.cn
发　　行　中国林业出版社
电　　话　(010) 8314 3518
印　　刷　北京卡乐富印刷有限公司
版　　次　2016年12月第1版
印　　次　2016年12月第1次
开　　本　1/16
印　　张　10
字　　数　150千字
定　　价　36.00元

前 言

  海棠是我国传统木本名花，种质资源丰富，地理分布广泛，栽培历史悠久。与牡丹、梅花、兰花被并称为"春花四绝"，分别享有"国艳"、"国花"、"国魂"、"国香"的美誉。海棠之所以能与牡丹、梅花、兰花争奇斗艳，不仅在于其花色艳丽多彩而富有神韵，许多品种的果实也极富观赏性，秋冬季节彩果点点盈枝，长达数月而不凋，令人陶醉而流连忘返，时常吸引各类鸟类喧闹觅食，好一番天地和谐共生景象。

  尽管我国具有独特的自然资源优势，但鲜有完全自主知识产权的商业化品种。长期以来广泛应用的观赏海棠品种主要局限于垂丝海棠、西府海棠等少数传统海棠品种，许多珍贵海棠种质资源未得到充分开发利用。欧美原产的海棠种类较少。1780年前，中国的海棠传入北美，18世纪传到欧洲，倍受重视。通过引种、选择育种、杂交育种等手段培育出众多观叶、观果、观花、观型海棠品种，并得到了广泛应用。

  近年来，由于良好的引种示范，欧美观赏海棠的优异表现得到了社会的广泛认可，应用领域不断拓展，有些品种适合道路绿化，有些品种适合庭院和公园造景，有些品种适合盆景制作。通过专类园营建，更是成为了主题旅游公园的珍贵材料。区域化栽培试验表明，多数观赏海棠品种适宜我国3/4以上的广大地区栽培，市场容量极大，产业化前景十分广阔。

  随着栽培面积不断扩大，随之而来的病虫害问题，在栽培管理工作中，也愈发凸显，成为了生产中亟需解决的问题。为因应栽培与生产上的迫切需要，我们特地编写了《观赏海棠病虫害防治》一书，将观赏海棠上常见的病虫害种类及其防治技术汇编在一起，并分别作出简要的说明，旨在普及病虫害方面的基本常识，并为海棠生产与养护管理提供参考。

本书是关于"观赏海棠病虫害防治"方面的一本专门著作，便于读者针对性查找有关问题，找到需要的答案。在具体内容的安排上，总体以虫害为主。据报道，海棠上发生的虫害，有近百种之多，本次编写时，仅选择了有代表性的39种。在病害方面，由于相关资料的缺乏，本书中仅列举了5种病害，但是这并不表明海棠树上的病害种类就少于其他树种。据文献记载，与海棠树同属的苹果树上的病害种类多达80余种，因此可以推断，随着调查、研究工作的不断深入，海棠上可了解的病害种类将不断增多。另外，本书在文字的处理上，避免了专业性特别强的术语，尽可能做到通俗易懂，言简意赅。为便于读者在工作中准确识别各种病虫害，特在本书末附加了参考图，合计48幅。

需要说明的是，本书中所涉及的观赏海棠，仅指蔷薇科苹果属海棠，而非蔷薇科木瓜属海棠（如贴梗海棠、木瓜海棠等），亦非秋海棠科秋海棠属海棠（如竹节海棠、四季海棠等）。

由于作者水平所限，编写时间仓促，书中难免出现错误。不妥之处，望读者不吝指正，以便我们今后进一步完善。

编者

2016年11月于南京

目　录

前言　003

第一章　树木病害基础知识　009

第一节　病害的一般概念..010

第二节　病原..012

　一、树木病原的种类..012

　二、病原物的寄生性和寄主范围..018

第三节　树木的抗病性..019

第四节　侵染性病害发生发展的一般规律..020

　一、侵染循环..020

　二、环境条件对病害的影响..023

　三、病害流行..024

第五节　树木病害防治的基本原则..026

第六节　树木病害防治的一般方法..027

　一、植物检疫..027

　二、选育抗病树种..028

　三、栽培管理措施..029

　四、化学防治..032

　五、生物防治..033

第七节　树木病害防治中值得注意的几个问题..034

　一、科学进行化学防治..034

　二、改善立地条件..035

　三、合理配置植物种类..037

　四、选择或更换适宜的树种..037

第二章　海棠病害　039

　一、褐斑病..040

　二、白粉病..040

　三、锈病..042

四、腐烂病 043
五、根癌病 044

第三章 树木虫害概述 047
第一节 树木害虫的主要特征 048
第二节 昆虫的外部形态 049
一、头部及附器 049
二、胸部及附器 053
三、腹部及附器 055
四.体壁及衍生物 055
第三节 昆虫的生物学特性 057
一、昆虫的生殖方式 057
二、昆虫的变态 058
三、昆虫的卵 059
四、昆虫的幼虫 059
五、昆虫的蛹 060
六、昆虫的成虫 061
七、昆虫的世代和年生活史 061
八、昆虫的习性 063
第四节 昆虫分类 065
一、分类单元 065
二、昆虫的学名 065
三、昆虫纲分目 066
第五节 树木害虫的发生规律 067
一、昆虫的发生与环境的关系 067
二、非生物因子 067
三、生物因子 070
四、人为因子 072
第六节 林木害虫的防治原理与方法 072

一、林木害虫的防治方针 072

二、植物检疫 073

三、林木技术措施 074

四、物理、机械防治措施 075

五、生物防治法 075

六、化学防治法 077

第四章　海棠虫害　081

第一节　食叶害虫 082

一、苹掌舟蛾 082

二、灰斑古毒蛾 083

三、银纹夜蛾 084

四、枣桃六点天蛾 084

五、棉褐带卷蛾 085

六、棉大卷叶螟 086

七、梨叶斑蛾 087

八、绿尾大蚕蛾 088

九、天幕毛虫 089

十、大袋蛾 090

十一、桑褶翅尺蛾 091

十二、刺蛾类 092

十三、大灰象甲 096

十四、金龟子类 097

第二节　刺吸类害虫及螨类 100

一、桃蚜 100

二、大青叶蝉 101

三、桃一点叶蝉 102

四、日本龟蜡蚧 103

五、朝鲜球坚蚧 103

六、梨网蝽 ……………………………………………………105

七、绿盲蝽 ……………………………………………………106

八、山楂叶螨 …………………………………………………107

第三节　钻蛀类害虫 …………………………………………108

一、天牛类 ……………………………………………………108

二、小线角木蠹蛾 ……………………………………………111

三、金缘吉丁虫 ………………………………………………114

四、梨小食心虫 ………………………………………………115

五、单环透翅蛾 ………………………………………………116

第四节　地下害虫 ……………………………………………117

一、东方蝼蛄 …………………………………………………117

二、华北蝼蛄 …………………………………………………118

参考文献　119

附图　121

第一章
树木病害基础知识

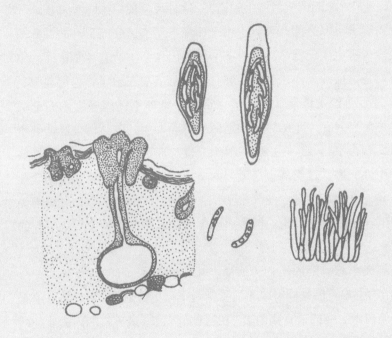

第一节　病害的一般概念

树木在生长的过程中，由于环境条件不适宜，或受其他生物的侵害，以致生长发育受到显著的影响，产生局部或整体的不正常现象，严重时还会死亡，从而造成经济上的损失，这种现象被称作树木病害。

树木病害可以分为两大类。由于环境条件不适宜而引起的，称为非侵染性病害或生理性病害。对某一树种而言，不适宜环境条件的出现，可能是定植前，本来就不适宜；或者是后来在栽培管理过程中，由于人为活动，或极端气象因子、空气污染等不良因子影响而造成的。这类病害只在一定的时间和地区范围内发生，不会传染其他健康植株。由有害生物（其中主要是微生物）侵害而引起的，称为侵染性病害或寄生性病害。这类病害在适当的条件下可以不断蔓延，传染健康植株。非侵染性病害在农业气象学、土壤学、树木生理学和栽培学等学科中都作了相应的讨论。树木病理学通常以侵染性病害作为研究的主要对象。

引起树木感病的因素称为病原。树木感病时，可能是受到某一个因素的作用，也可能是同时或先后受到两个以上因素的作用，但其中有一个是使树木发病的最直接因素。在这种情况下，最直接的因素才是病原。例如，某些树苗在秋季施用速效氮肥，使秋梢徒长，组织柔嫩，冬季就容易遭受冻害而致枯梢。施肥不当和霜冻都是引起病害的因素，但只认为冻害是病原。又如松树受到干旱的影响而失去对一种枝枯病菌的抵抗力，因而受到这一病菌的侵害发生枯枝病，这种枝枯病菌就是病原。其他因子，被称作病害的诱发因子。各种有害的生物因子，被统称为病原物。

当树木受到病原物的作用或侵染时，生理上就会产生一定的反应，以适应新的条件或阻止侵染物在体内继续扩展。这种作用和反应不断进行，如果病原的作用继续加强，经过一定时间，树木在生理上、组织上和形态上都会产生一系列的变化，表现出病态。因此树木病害的发生要经过一定的病理过程。

树木病害的发生是在一定的环境条件下进行的。环境条件同时作用于树木和病原。如果环境条件有利于树木的生长而不利于病原的活动，病害就难以发生或发展很慢，树木受害也轻。反之，病害就容易发生或发展很快，树木受害也重。例如桃树新叶开放时，常会受到一种真菌的侵害而发生缩叶病。这种病害在早春低温多雨的年份较为严重，因为病菌只能侵害嫩叶，气温低时，桃叶成长缓慢，增加了病菌侵染的机会，湿度大时，又给病菌孢子的萌发造成有利条件。反之，如果天气晴朗温暖，桃叶迅速生长，病害就很轻。

由此可见，树木病害表现了寄主、病原和环境条件三者之间的复杂关系。概括地说，树木病害是树木和病原在一定的环境条件下相互作用的过程；当环境条件对病原的活动有利、对树木的生长不利时，就促进了病害的发展。当我们分析一个树木病害问题时，必须从寄主、病原和环境条件三方面进行调查研究，同时，应注意林业技术措施、人为活动对三者的影响。如此，才能掌握这个病害发生发展的规律，找到有效的防治方法。

感病树木在形态上表现的不正常，在肉眼下能够识别的特征称为症状。由真菌引起的树木病害的症状不仅是树木本身的病变特征，而且还包括病原物在树木病组织上产生的繁殖器官或其他组织，这些器官或组织，被统称为病征。病征的出现为病害的诊断提供了重要的依据。

树木病害是一个发展的过程，症状也是随着病害的发展而发展的，初期症状可能同后期症状有很大的差别。一个病害的典型症状常常是指后期症状。

树木病害的症状十分复杂，分类的方法也多种多样。常见的有叶片的褪绿（黄化或花叶）、斑点和变形，枝干的瘿瘤、簇生、溃疡、流脂或流胶，根部的腐烂，全株枯萎等等。除此以外，有些病原真菌寄生在树体上，往往会在其表面产生发达的繁殖体和营养体，呈现白色、黑色或黄色的粉霉层，这也是某些真菌病害的显著特征。

树木病害的名称通常是根据病害的主要症状特征点来命名的，例如：黄化病、花叶病、叶斑病、炭疽病、角斑病、赤枯病、肿瘤病、溃疡病、丛枝病、枝枯病、枯梢病、枯萎病、锈病、白粉病、煤污病、黑粉病等等。在日常业务活动中，有人将某种病害随意定名，这显然是不合适的。

第二节　病原

一、树木病原的种类

1. 非侵染性病害的病原

（1）营养条件不适宜

土壤中缺少某些能直接被吸收的营养物质，这会引起树木叶片黄化或植株矮小、生长缓慢等。树木对微量元素特别敏感，例如刺槐因缺铁而发生的黄化病是在盐碱地上较常见的现象。果树缺锌，会引起小叶病。

（2）土壤水分失调

水分过多常使树木根部窒息，发生根腐。在排水不良、地下水位过高，或因地势不平局部积水的地方常常发生这种现象。干旱可使叶片变黄或引起落叶、落花和落果，严重时，则引起苗木和幼树的死亡。

（3）温度过高或过低

高温常引起果实和树皮的灼伤。某些树皮较薄的苗木和幼树茎基部及树干的向阳面常常发生这种现象。檫树的溃疡病就是先因日灼造成伤口而引起的。霜害和冻害更是常见。山东毛白杨在冬季易遭冻害而致树干中下部产生裂缝，群众称为"破肚子病"。

（4）中毒

　　空气、土壤和树木表面存在的有毒物质对树木是有害的。化工厂或冶炼厂排出的废气中含有大量的二氧化硫、氯气和氟气等有毒气体，这类有毒气体对树木的损害称为烟害。杀虫、杀菌药剂使用不当，致使树木叶片上产生斑点或枯焦脱落，则称为药害。

　　非侵染性病害的发生往往有较明显的季节性或地域性，受害植株并不会成为一个病害基地传染其他健康植株。但是，受害植物的生长势被削弱后，常常降低了对侵染性病原物的抵抗力，引起某种侵染性病害的发生。

　　2. 非侵染性病害的病原

　　引起侵染性病害的病原是一些侵害树木的生物。它们通常侵入树木体内寄生为害，因此常称为病原物或寄生物。它们的个体有时称为病原体。如果这种病原是一种真菌或细菌，则又称为病原菌。受病原物侵害的树木称为寄主。由于病原物的不断繁殖和扩散，树木的侵染性病害往往迅速传播，广泛蔓延，造成生产上的重大损失。

　　(1) 菌物

　　在菌物中，真菌是一类低等生物。它们的营养体称为菌丝，通常呈管状，直径2～10μm（1微米等于千分之一毫米），需在显微镜下才能看到。菌丝不断生长，分枝，积成团状，称为菌丝体。这时肉眼即可见到。日常所见腐败食物上产生的棉絮状白霉就是真菌的菌丝体。真菌的菌丝没有叶绿素，不能自营光合作用来制造自己所需要的营养物质，只能从它们生长的基质中吸取现成的养分。许多真菌的菌丝可以分泌各种的细胞外酶，将基质中某些物质分解，然后吸收利用。植物病原真菌的菌丝在植物细胞间或穿过细胞壁生长，从植物体中吸取营养。

　　有些真菌的菌丝体在特殊条件下可以构成菌核或菌索。菌核为球状或块状，大多结构紧密，也有较疏松的，外表褐色至黑色，大小因种类不同而异。大的菌核直径可达30cm以上，我国著名药材茯苓就是一例。小的菌核细如粉末，肉眼尚难分辩。菌核对高温、低温和干燥等不良环境的抵抗力强，到条件适宜时，萌发生成新的菌丝体或产生繁殖器官。菌索是菌丝体构成的绳索状结构，白色或黑褐色。有的菌索很发达，长达数米，粗如鞋带，外形同高等植物的根相似，称为根状菌索。根状菌索除具有对不良环境的较强的抵抗力外，并能沿着树根或土壤的表面延伸，还能侵入适宜的寄主组织。

真菌的菌丝体可以进行营养繁殖，将一小段菌丝移植在适当的培养基上，即可生长为新的菌丝体。但真菌的主要繁殖方式是生殖繁殖。真菌的繁殖又分无性繁殖和有性生殖，分别产生各种形态的无性孢子和有性孢子。

真菌无性繁殖的方式不止一种，最常见的是产生分生孢子。真菌先产生一种特殊的菌丝称为分生孢子梗。简单的分生孢子梗同菌丝差别不大，比较复杂的则具有一定的特殊形态。在分生孢子梗的顶端或分枝上产生分生孢子。分生孢子的形态是多种多样的，单细胞或多细胞，球形、卵形、椭圆形、线形等等，无色或淡褐色至黑褐色。单个孢子肉眼看不见，但聚积成堆时，可见呈乳白色、黄色、红色、绿色或黑色等颜色。孢子相当于高等植物的种子，在适宜的条件下，孢子萌芽产生芽管，芽管发育为菌丝。

真菌的有性生殖要通过性细胞交配来完成。受精后的雌性细胞发育成一特殊的产孢器官，然后在其中产生有性孢子。各类型真菌的有性生殖的方式也不相同，如油桐叶斑病菌有性生殖的产孢器官是由菌丝体发育而形成的瓶状结构，称为子囊果。在子囊果中有许多紧密排列的棒形囊状物，称为子囊。每一个子囊中有纺锤形的孢子8枚。真菌的有性孢子同无性孢子一样，形态多样，萌发时产生芽管并继续发育为菌丝体。

真菌的有性孢子和无性孢子常产生在各种简单的或复杂的结构中。这些产生孢子的结构是由菌丝体演变而成的，统称为子实体。

真菌的有性生殖通常一年只进行一次。有性孢子对不良环境的抵抗力较强，有些还具有休眠特性，真菌常赖以越冬或越夏。无性生殖在环境条件适宜时可以连续进行，无性孢子的数量多，萌发快，但寿命短，真菌赖以广泛传播。但是，并不是所有的真菌在其生活中都必须进行两种生殖繁殖。有的真菌只进行有性生殖，不进行无性繁殖；有的真菌则有性生殖退化了，只进行无性繁殖。

真菌在菌物中属于真菌界，其中包括4个门1大类的真菌。按它们的有性生殖的方式，分属壶菌、接合菌、子囊菌和担子菌4个门中，而那些有性生殖尚未发现或已经退化了的真菌则归入另一大类，称为半知菌类。与树木病害密切相关的真菌有子囊菌、担子菌、半知菌等。除此以外，现已划入假菌界（又称藻物界、茸鞭生物界）中的卵菌类（霜霉菌、腐霉菌、疫霉菌等）也是常见的病原物。因为真菌没有叶绿素，并且以孢子进行繁殖，所以，它们同高等植物有本质上的区别。

在自然界，真菌大多数是腐生的，但也有些寄生在树木的各种器官上，引起各种类型的病害。树木病害中有80%以上是由真菌引起的，它们是树木病害中最重要的病原物。

（2）细菌

细菌属于细菌界。它们是单细胞的生物，没有营养体和繁殖体的分化，用直接分裂的方式进行繁殖。

细菌的体积很小，一般直径约 $1 \sim 3 \mu m$。形状有球状、杆状和螺旋状。细菌细胞有固定的细胞壁和原生质膜，但未发现有固定的细胞核。能运动的细菌有鞭毛。

植物病原细菌都是杆状菌，大多数有1至数根鞭毛。鞭毛极生（生在细菌的一端或两端）或周生（生在细菌的四周）。

细菌多寄生在树木的薄壁组织中或维管束中，树木的根、茎、叶、果各种器官都可受侵，引起叶斑、枝枯和根肿瘤、全株枯萎等症状。由细菌引起的树木病害虽然不是很多，但有的在生产上却造成很大的损失，如杉木细菌性叶枯病、油橄榄青枯病等。

（3）病毒和植物菌原体

病毒是一类体积很小的微生物，在普通生物显微镜下看不见。它们能引起人类、动物和植物的重要病害，有的还能寄生在细菌细胞内，称为噬菌体。在电子显微镜下看到植物病毒多为球状、杆状或纤维状的微粒，这种微粒还没有具备生物细胞的形态，其外壳为蛋白质，内部为核酸。病毒寄生在树木细胞内，大量繁殖后，通过胞间联丝进入相邻的细胞。当病毒进入筛管细胞后，即可通过养分输导系统扩展至树木全身。当病毒离开活的树木细胞后，在体外的寿命很短，只能存活数小时至数天。

病毒引起很多重要的树木病害，如花叶病、花器变性病等。但是近些年来，发现原来认为是由病毒引起的树木病害中有一些是由一类新发现的病原物引起的。这类新的病原物叫植物菌原体或类菌原体。在树木上，似乎有较多的丛枝病是由这类病原物引起的。植物菌原体在细菌界中属于硬壁菌门，软菌纲的生物。它们在电子显微镜下呈近圆形到不规则椭圆形的球状体，直径一般为250～400nm（一纳米等于千分之一微米）之间，没有细胞壁，但具有明显的外膜。植物菌原体寄生在树木韧皮部筛管细胞内，有时也在韧皮部的薄壁细胞内发现。它们常引起树木的黄化病、萎缩病以及丛枝病等。目前，这类生物还不能在人工培养基上生长，至今尚未有培养成功的实例。

（4）线虫

线虫属于动物界线虫门，一般体长不到1mm，粗不到0.1mm。线虫大多是土壤中的腐生物，有些种是树木的寄生物，在木本植物上最常见的是垫刃目中的一类根结线虫。它们寄生在树木的根内，刺激根组织产生瘿瘤，对苗木造成较大的损失，桑、梓、楸、泡桐等树木上常见。另有滑刃目中的一些线虫，如松材线虫，拟松材线虫。它们可寄生在松树的枝、干及根部，能够引起松树枯死。

（5）寄生性种子植物

双子叶植物中有一些营寄生生活的种类。桑寄生科、菟丝子科和列当科的植物，全部是寄生的。檀香科、玄参科、樟科中也有个别的寄生植物。在我国发生最普遍的是桑寄生科中的桑寄生、槲寄生和菟丝子科中的菟丝子。

桑寄生和槲寄生是常绿小灌木，能自营光合作用，以吸根钻进寄主树木枝干的木质部中吸取水分和矿质营养。果实鲜艳味甜，种子外有白色黏性物质，鸟类啄食后吐出种子粘在树皮上，在适宜条件下萌芽产生吸根侵害寄主。我国的桑寄生和槲寄生种类颇多，主要分布在热带和亚热带地区，但有些种也能生长在温带地区，在某些用材林和经济林中造成相当严重的损失。

菟丝子是一年生藤本植物，叶片已完全退化，完全依靠寄主植物供给养分。它的种子在土壤中发芽，无根，幼茎生长可达50cm长度，这时如碰到合适寄主，即缠绕在寄主枝干上为害，幼茎基部枯萎而脱离土壤。缠绕茎与寄主密接处产生吸器伸入寄主组织内吸取养分。菟丝子在我国约有10种，分布很广，除为害农作物外，森林苗圃和幼林地上也时有发生。在江苏地区，它们是最为常见的一种高等寄生植物。

（6）藻类

寄生在树木上的藻类是植物界中一类低等植物。在长江以南地区，最为常见的是头孢藻属中的一种锈藻，它危害树木的叶片，引起藻斑病或红锈病。

在野外大叶黄杨上常见有白粉病、藻斑病两种病害同时发生。这两种病害，病斑相似，易混淆。前者白粉斑圆形、周围比较整齐，后者白粉斑边缘略呈放射状，若能仔细观察，就可区分它们。

（7）螨类

螨类是蛛形纲动物。它们中危害树木的主要是四足螨类，属于瘿螨科与叶螨科。瘿螨科中又分为：绒毛瘿、囊瘿、芽瘿、疹瘿、卷叶瘿、簇瘿、丛枝瘿、锈皮瘿等若干种类。如引起多种阔叶树毛毡病的螨类，属于瘿螨属（Eriophyes）中的几个种类。除瘿螨科中的若干种类外，属于叶螨科中的螨类，虽然它们也常危害树木，但按惯例，应将它们列入虫害中加以说明。

二、病原物的寄生性和寄主范围

植物病原物的生活方式有两种：一是寄生，即从活的寄主植物细胞或组织中吸取养分；一是腐生，即从死的动植物遗体或其排泄物中吸取养分。如按不同的生活方式来划分，植物病原物可以分为4种类型。

1．专性寄生物

它们只能从活的寄主植物细胞和组织中吸取养分，当寄主的细胞和组织死亡以后，它们也由于得不到必需的营养而随着死亡。植物中的霜霉菌、白粉菌、锈菌和植物病毒、寄生性种子植物等都是专性寄生物。它们能在生机旺盛的植物组织如嫩叶、嫩梢中寄生，对寄主植物的破坏性不是很剧烈，但大量发生时仍然能造成重大损失。一般说来，专性寄生物对寄主的选择比较严格，通常一种寄生物只能侵染在分类系统上亲缘相近的几种植物，即属于同一科或同一属的几种植物。其中最专化的只能为害某一种植物。

2．强寄生物

它们以营寄生生活为主，但在一定的条件下可以腐生，在特定的人工培养基上可以生长，但往往发育不完全。有些强寄生物在其生长发育的某一阶段是以腐生方式生活。在植物病原真菌和细菌中，这种类型很多。它们的寄生特性和寄主范围同专性寄生物相似。

3．弱寄生物

它们在自然界以营腐生生活为主，并能在人工培养基上生长良好。在适宜的条件下，它们也能营寄生生活，引起植物病害。弱寄生物一般为害生长不良的植物，或者为害衰老或受伤的植物器官，使迅速枯死，往往造成毁灭性的损失。它们的寄主范围一般较广，有的竟能侵害分属不同科属的百余种植物。

4．专性腐生物

它们只能以死亡的有机体作为营养来源，不能侵害活的植物，所以在一般情况下不引起植物病害。但是在真菌中有一类煤炱菌，它们常在叶片和枝条的表面，利用植物的分泌物或蚜虫、介壳虫的分泌物为养料营腐生生活。它们的菌丝体和孢子在植物表面构成很厚的黑色霉层，阻碍植物进行光合作用和呼吸作用，因而使植物感病。这种病害称为煤污病。在真菌中还有些高等担子菌能为害木材，常称为木腐菌类，它们给枕木、矿柱、桥梁及其他建筑物木材造成重大损失。

按它们的生活方式划分植物病原物不是绝对的，在任何两个类型之间，都有中间类型存在。例如在弱寄生物中，有些可能接近于强寄生物，有些则可能接近于专性腐生物。但典型的强寄生物和弱寄生物所引起的植物病害，在发生规律和防治方法等方面都是有一定区别的。

第三节　树木的抗病性

树木对病害都有不同程度的抵抗能力。对于一种病害来说，不同种或品种的寄主植物的感病程度是不同的，有时同种树木的不同植株感病程度也有差异。这种差异说明它们对病害具有不同的抵抗性。树木的抗病性不是绝对的。一种树木对甲病害是抗病的，对乙病害则可能是感病的。树木的抗病性也会随其年龄和环境条件的变化而改变。

树木的形态、组织结构和细胞的生理生化反应都同某种抗病性有关。例如桑细菌病的病原细菌是从伤口侵入的。一种柔枝桑比较抗病，因为它在风雨中比较不容易受伤。角质层的厚度及气孔的多少和大小同阻止病菌的侵入有关。树皮的含水量与树木对溃疡病的抵抗性有关等等。

当病原物侵入树木体内以后，树木细胞的原生质会产生某种程度的保卫反应。反应强烈的会产生一些有毒的物质把入侵的病原物杀死，有时连本身的部分细胞也被杀死了，却取得丢卒保车的效果。树木的这种抗病性对专性寄生物和强寄生物常有较显著的作用。

树木抗病性在树木不同的龄期可能表现不一样，因而在不同的龄期会发生不同的病害。例如松树一年生幼苗的主要病害是猝倒病，苗木茎部木质化以后，对这种病害的抵抗能力就增强了。苗木后期的危险性病害是松苗叶枯病，但它对4年生以上的幼树很少为害。而松针褐斑病则对3～4m高的幼树仍能造成严重的损失。在松树的成过熟林中，各种类型的立木腐朽病普遍发生。树木器官的老熟程度，同抗病性也有一定关系。桑细菌病多为害新梢和嫩叶，而桑白粉病则多发生在老叶上。这说明嫩叶对白粉病的抵抗力较强，而老叶则对细菌病抵抗力较强。

树木的生长势对抗病性的影响很大。特别是对那些弱寄生物引起的病害来说，只有在寄主树木生长衰退时才能发生侵染。影响树木生活力的因素很多，总的说来，不外乎立地条件和抚育管理两方面。若能注意适地适树和抚育保护工作，就能大大提高树木的抗病性。

树木的抗病性是一种遗传性，是树木同病原物长期相处和斗争的过程中被筛选和遗传下来的。同时它又会因树木本身生长状况和环境条件的变化而有所增强或减弱。因此，一方面要注意选育优良抗病树种，一方面也要注意栽培管理方法，以提高树木的抗病能力。

第四节　侵染性病害发生发展的一般规律

一、侵染循环

病原物在一定的时期内侵染活动的周期称为侵染循环。例如油桐叶斑病的侵染循环，可以作为一个典型的代表。春季病原真菌在病落叶中产生有性孢子。孢子放射后随风传播，落在油桐新叶上，在适宜条件下萌发产生芽管。芽管侵入叶内，经过一定的潜育期，菌丝体扩展到一定范围，使叶片上产生病斑，随后就在病斑上产生无性孢子。这样，病菌就完成了越冬以后的第一次侵染过程。这些新产生的无性孢子又会随风传播侵染更多的叶片，并在这些叶片上产生更多的分生孢子，完成第二次侵染过程。如此不断反复，在整个生长季节中，侵染可以重复很多次，病害因而不断扩展，使无数叶片和果实受害。秋后，病叶病果脱落，病菌又在落叶落果中越冬，到下一年春季产生有性孢子。

从这个典型病例中可以看到，侵染循环包括三个基本环节：

（1）病原菌在寄主树木上的侵染过程和一年中侵染的次数；

（2）病原体的传播；

（3）病原菌的越冬。

侵染循环的周期通常是一年左右，但树木枝干的某些病害，则需要经过2～3年或更多的时间才能完成一次侵染循环。

1. 病程

病原物侵染过程简称病程，一般分为3个阶段，即侵入期，潜育期和发病期。真菌的孢子在树木表面萌芽，芽管自气孔或植物的其他自然孔口（如蜜腺、皮孔等）侵入树木体内，或者自伤口侵入。有的真菌的芽管还能产生极细的侵染丝直接穿过寄主的角质层而侵入。细菌、病毒和支原体以它们的个体从树木的自然孔口或伤口侵入树木体内。

从病菌侵入到树木表现症状的一段时期称为潜育期。潜育期的长短因病原物的不同而异，且受环境温度的影响。有些病害的潜育期很短，不过3～5天，有的则可长达数月或一年以上，树木病害中这种例子较多。

寄主树木表现症状以后，病害仍有一个继续发展的过程。一般局部侵染的病害，病斑扩展到一定的范围，病程就结束了。但有些病害是系统侵染的。例如，植物支原体引起的泡桐丛枝病，病原物从一个枝条上侵入，可以在寄主体内逐步扩展到树木全身，引起全株发病。

在一年的时间中，病程可能只发生一次，也可能反复进行很多次。越冬以后的病原物对植物的侵染称为初次侵染；在受初次侵染的树木上新产生的病原物再传播到健康的树木上进行的第二轮侵染，以及后来发生的一系列侵染都称为再次侵染。在真菌引起的病害中，凡是只进行有性生殖的真菌都不发生再次侵染。因为真菌的有性生殖通常一年只进行一次。一般情况下，能够产生无性孢子的真菌和细菌都可以进行再次侵染。再次侵染的次数多少，则会受环境条件和寄主感病状态的影响。

只有一次侵染的病害发病以后，在同一生长季节中是不会再传染蔓延的。但如果条件适宜，初次侵染往往相当普遍。有再次侵染的病害初次侵染往往不很普遍，只有少数植株受侵，形成几个发病中心。在适宜的条件下，通过若干次再侵染，使病害自发病中心不断向周围蔓延扩展，逐渐达到病害流行的高峰。

2. 病原体的传播

在自然界，病原物主要借风、雨、昆虫和其动物传播。真菌的孢子大多可以借风传播。但有些真菌的孢子同细菌一样带有胶粘物质，凝结成堆成块，必须在水中稀释以后才能分散，所以风雨交加的时候，它们才有传播的机会。昆虫和其他小动物如松鼠等能够机械地携带病菌，像传播花粉一样传播病菌。大部分的植物病毒病害和植物支原体病害是由昆虫传播的。但这种传播不是简单的携带作用，而是有着复杂的生物学关系。传病昆虫主要是刺吸式口器的种类，特别是蚜虫类和叶蝉类。它们在病株上吸取了带毒的液汁，以后又将病毒或植物支原体和唾液一并注入健康的树木体内。传病的昆虫有专化性，即某一种病害只能由一定的虫种来传染。

在树木栽培活动中，病原物可以通过种苗、肥料和操作工具而传播。种苗（包括无性繁殖材料）和农林产品的交换、调拨，是病害传播的重要途径。由于这种交换和调拨的数量大，距离远，常常为某些病害开辟了新病区，造成重大损失。

3. 病原物的越冬

病原物到冬季也会随着树木的休眠而处于休眠状态，潜伏在一定的地点渡过不良环境，成为次年初次侵染的来源。许多病原物可以在有病的树木体内越冬。病死的枯枝落叶也常常是病原物的重要越冬场所。真菌的厚垣孢子、菌核、菌索等休眠体可以在树木表面或土壤中存活较长时期，有时可达数年之久。引起树木根部病害的病原物，主要是在土壤中越冬的。有些弱寄生物还可以在土壤中长期营腐生生活，碰到适当寄主就可侵染为害。

二、环境条件对病害的影响

在树木病害发生和发展的过程中，对病原物影响最显著的环境条件是温度和湿度。各种病原物都有其适生的温度范围。在最适宜的温度条件下，病菌的生长，繁殖和孢子萌芽迅速，病害也容易发生和蔓延。大多数真菌孢子的产生和萌芽都要求很高的湿度。有些孢子甚至要同水滴接触才能萌发。前面还曾提到，有些真菌和细菌要由雨水来传播。因此，大气湿度是树木病害发生和流行的重要因素。在多雨或多雾和露的季节，病害常易发生，降雨量多的年份也是病害易于流行的年份。

环境条件也影响寄主树木的生长和发育。树木在适宜的气候和土壤条件下，生长快，抗病力也强。特别对弱寄生物而言，树木生长不良常常是病害流行的重要因素。有些病害也可能在气候干旱的季节或年份流行，就因为干旱降低了寄主树木的抗病力所致。

地理的和林分本身的因素都会造成不同的森林环境。地形、地势、海拔、坡向、林分组成、疏密度、地位级等等，对某些病害常有明显的影响。例如，松栎锈病在海拔较高的地区较为严重；竹杆锈病在密林或管理不周的竹林中发病重；杉木的细菌性叶枯病在迎风面或风口的林分中特别重；落叶松早期落叶病在混交林中比较轻微，而在纯林中就比较重等等。

三、病害流行

树木侵染性病害如果在一个时期内或一个地区内发生普遍而严重，使某种树木受到很大的损失，称为病害流行。侵染性病害的流行必须具备三方面的条件：

（1）有大量侵染力强的病原物存在，而且能大量繁殖并很快地传播到感病的寄主上；

（2）有大量感病的寄主存在；

（3）环境条件有利于病害的发生。

病原物要达到病害流行数量上的要求，必然有一个繁殖积累的过程。在病原物开始繁殖的时候，由于数量不多，造成的损失较小，人们往往不加注意，一旦达到流行的程度，就感到很突然。感病树木的长期连作，病株及其残余物的处理不当或不加消除，都有利于病原物数量的积累。因此，经常注意清除病原物是很重要的工作。

在树木感病性的增强方面，主要是由于栽培管理不当或生长衰退而引起的。例如没有遵循适地适树的原则，造林时苗木质量不高，林木抚育不及时，林木过熟等等。有时也由于其他自然灾害的影响，使林木处于感病状态。在经济林中，林木品种也是很重要的因素。油茶炭疽病的重病区，同当地栽培品种的感病性有关。

环境条件对病害发生的影响在上一节中已有说明。环境条件对病原物的生长、繁殖和侵染有利而对树木的生长不利时，病害就易于流行。

虽然病原、寄主和环境条件三方面的因素，对一个病害的流行都是必要的。但从病害防治上来看，对一个具体的病害，三方面的因素中可能仅有一个方面是主要的。

例如，梨锈病的流行必须具有三个条件：

（1）梨树是感病品种；

（2）梨园附近栽有较多的桧属树木（侵染梨树的病菌孢子在桧属树木

上产生）；

（3）梨树放叶期间阴雨天较多。

但从生产上来看，许多优良的梨树品种都是感病的，无法全部换成抗病品种。在我国南方，清明前后是梨树放叶期，也常常是多雨季节，对病菌的产生和侵染十分有利。但是，若在梨园附近（约5km范围内）不栽植桧属树木，消除了病菌的来源，则病害就不会发生。

杉木炭疽病的病原物在自然界普遍存在，侵染发生的必要环境条件也经常能得到满足，但只有在杉木本身因立地条件不适合而致生长不良时，病害才会流行。注意适地适树的原则，加强幼林抚育，这一病害就不会流行。

银杏苗木茎腐病的流行主要决定于环境条件。只有当夏季土表温度过高，灼伤苗木茎基部，土壤中普遍存在的病菌才能从伤口侵入为害，引起病害流行。夏季设法降低土壤温度（如遮阴、行间复草、灌溉等）能有效地防止该病害的流行。

松苗猝倒病流行的情况比较复杂，在不同的时间和地点，病害流行的主要因素可能是不同的。如在长期栽培马铃薯、蔬菜等作物的土地上育苗，由于土壤中积累的病原菌多，可以引起病害流行。种子品质差，出苗不整齐，揭草不及时，使幼苗生长嫩弱，病害也会严重发生。有时，则是因为幼苗出土前后，遇到长期阴雨天，造成病害流行有利的环境。

在林木病害中，有些病害是多年生的，发展较慢，不会突然发生流行。病害较大数量和在较大范围的发生，通常是长期积累的结果。例如松栎锈病、丛枝病类、立木腐朽等。如果在森林经营的过程中，经常清除感病林木，病害就不容易发展到流行的程度。

最后，我们还不应忽视人类的各种生产活动与树木病害流行的关系。一般来说，野生植物不会发生流行性病害。人类在长期的生产活动中，若把某些野生植物逐渐改造成栽培植物，在长期的人工选择过程中，无意中淘汰了野生植物对某些病害的抗病特性，使它们成为感病品种。因此，单一品系的作物大面积栽培，常易发生流行性病害。其次，人类在生产活动中常常无意中帮助病原物的传播。特别是把某种病原物带到一个新的地区时，由于新地区的寄主植物对它缺乏抗病力，常常造成突然发生的病害流行。此外，在农林生产中生产布局不合理，栽培措施不恰当或抚育管理不周，也是某些病害流行的重要原因。

第五节　树木病害防治的基本原则

植物病害的防治应该以预防为主，树木病害的防治尤其应该这样。因为林区地形复杂，交通不便，地广人稀，而且林业经营也比较粗放，不可能投入较多的人力和资金，等到病害发生达到流行的程度，不但防治为时已晚，而且在经费开支上也是比较困难的。

为了贯彻预防为主的原则，一般需积极清除病害的诱发因子，争取在病害严重发生之前，就做好了防治工作。这一点与后述的虫害防治比较起来，显得更为重要。

树木病害的防治首先要掌握树种的生物学特性和栽培技术，只有在合理的抚育管理技术的基础上，才可能对病害进行防治；其次要了解病原物的生物学特性和病害发生发展的规律，否则，防治措施就难免带有盲目性，打不中要害，徒然浪费人力和物力。

第一章中已经说明侵染性病害的流行要有三方面的必要条件，所以病害的防治也不外这样三个方面：

（1）防止病原物的传入和繁殖，清除或减少已经存在的病原物；

（2）选育抗病树种，改进栽培管理技术，提高树木的抗病力，或者设法保护树木免受病原物的侵染；

（3）改善环境，使有利于树木的生长发育而不利于病原物的生长、繁殖和侵染活动。

从理论上说，这三方面只要确实控制了其中的一个，病害就不会流行。但大多数侵染性病害流行的规律是复杂的，常常很难完全控制其中的某一方面，而要从多方面采取综合措施才能收到防治效果。综合防治措施不仅针对一种病害来拟定，而且应该考虑一个树种可能发生的各种重要病害。就生产实践而言，改善树木生长的环境条件，加强栽培管理措施两点，显得尤为重要。

近些年来，国际上对病虫害综合防治提出新的概念，称为病虫害综合治理。一般认为，综合治理应以生态学为基础。因为在自然生态系统保持相对平衡和稳定的状况下，病虫害一般就不会达到流行的程度。所以树木病虫害综合控制要研究农业和林业生态系统的发展规律，研究生态系统中各种害虫和病原物种群消长动态以及它们同其他生物和物理环境因素之间的相互关系。在此基础上，有机地运用各种适当的防治方法和技术，使病虫害的危害程度保持在经济容许水平以下，而对环境的生态系统产生最小的不利影响。树木病虫害综合控制，现在还没有可供参考的完整经验，一般设想应该考虑社会和经济效益、经营的目的和可能发生的病虫害种类等因素，以适当的栽培管理技术为基础，有机地运用生物的、化学的和其他方法来控制树木病虫害的危害，使其降低到经济容许水平以下。

第六节   树木病害防治的一般方法

一、植物检疫

由于历史和地理上的原因，在自然条件下，树木病害的分布是有区域性的。但由于近代交通运输事业发展，种子、苗木和林产品交流贸易频繁，所以，促进了病、虫、杂草的人为传播。病原物到了一个新的地区，可能由于当地的自然条件对它的生长繁殖特别有利，或者当地栽培的寄主树木是感病品种，因而病害发生就非常严重。例如在我国东北地区流行的落叶松早期落叶病，最初在丹沈铁路沿线发现，可能是由日本经朝鲜传入的。这个病害最早在日本发现，而日本落叶松和朝鲜落叶松的抗病力都比我国的长白落叶松强，所以这一病害传入我国东北地区后就显得特别严重。

植物检疫分为对外检疫和对内检疫。检疫工作是在各口岸设立检疫机构，对进出口的植物种苗和农林产品进行检验，防止国外危险性病、虫、杂草输入，同时也履行国际义务，防止我国的危险性病、虫、杂草输出。

植物检疫必须确定检疫对象，即需要防止传播的严重的病、虫、杂草。作为检疫对象的植物病害，必须符合下列条件：

（1）本国尚未发现或还控制在局部地区的病害；

（2）病害一旦传入后可能蔓延并能引起农林生产的严重损失；

（3）该病害能够随寄主植物或其加工产品通过人为活动来传播。

在植物检疫中如发现有检疫对象时，应停止调运或就地烧毁，或经消毒处理后再行发运。对那些症状不明显而又可能带有检疫对象的种苗，则应在隔离温室或苗圃中栽培1~2年，待判明情况后再作处理。

我国已确定榆荷兰病、栎枯萎病、板栗疫病、杨树溃疡病、杨树细菌性溃疡病、杨树病毒花叶病、油橄榄肿瘤病、松材线虫病和松树疱锈病等病害，为对外检疫对象。关于树木病害对内检疫对象也有了明确规定。

二、选育抗病树种

选育抗病树种是防治病害的一个重要途径。特别对那些用其他方法防治比较困难的病害，选育抗病树种是唯一有前途的方法。国外对许多重要林木病害如松干锈病、板栗疫病、栎树枯萎病等，都在广泛开展优良抗病树种选育工作。我国树木良种的繁育工作，已有初步开展，在杨树、杉木、油茶等的选育工作中，已经发现有些树种或品系具有较强的抗病力，可以用来建立种子园或母树林，或者作为进一步培育抗病树种的原始材料。但由于树木生长期长，加之有些树种还不容易用无性繁殖方法育苗，所以选育优良抗病树种的工作要比农作物困难得多。对于那些已有较好的防治方法的病害，一般不强调选育抗病树种。

抗病树种选育的方法有选种和育种。选种是在现有的品种或物种中，选用抗病力强的作为母树。在病害流行的地区，常常可以发现有抗病的物种或单株存在。选择这样的单株，用无性繁殖方式建立抗病种子园是比较简便易行、收效较快的方法。育种通常是用人工杂交，然后在其后代中选择抗病的杂种。该技术较复杂且费时较长，有远见的林业工作者不会放弃这样的方法。

选育出来的优良树种要进行严格的抗病性鉴定。一般鉴定的方法有两种，即自然感染法和人工感染法。自然感染法就是将选育出来的树种栽植在病害流行的地区，同感病的树种比较，观察它们的发病情况。人工感染法就是用病原物进行人工接种，观察鉴定树种的发病情况。人工感染法的优点是保证发病，提高筛选的效力，同时比较许多树种或品系对不同品系的病原物的反应。但人工感染不完全符合自然发病条件，有时不能完全反映树木的真实抗病能力。所以，抗病性的鉴定往往要同时用自然感染和人工感染相结合的方法，反复验证，才能得出可靠的结论。

三、栽培管理措施

合理的栽培技术措施，能创造有利于树木生长发育的条件，增强树木的抗病力，有时还能造成不利于病原物生长、繁殖或侵染的环境。反之，不合理的技术措施，会使树木发生非侵染性病害，甚至降低了对侵染性病害的抵抗力，引起病害流行。

1．在育苗工作中应注意下列问题

（1）苗圃地的选择

首先要注意土壤的理化性质和排灌条件，在偏碱性的土壤上培育松杉树苗或土壤黏重，地下水位过高等，都容易引起侵染性病害。选用长期栽培蔬菜、薯类、瓜类及其他经济作物的田地作苗圃时，因土壤中积累的病原物较多，容易发生幼苗猝倒病和立枯病。苗圃不应靠近与育苗树种相同的林分或行道树，以防大树上的病菌传到苗木上来。

（2）轮作

轮作是休养地力的一种耕作制度，也是防治某些树木病害的有效措施。在苗圃中，苗木猝倒病、白绢病、根结线虫病等的病原物都是在土壤中越冬或腐生的，如果没有适当的寄主植物，它们的数量就会逐渐减少，不可能达到病害流行的程度。有些为害苗木叶部的病原物常在地上有病落叶中越冬，而全部清除落叶是不太可能的，所以在重病圃地，也不应进行连作。

（3）种子质量

种子品质不良，发芽势弱，播种以后出苗不整齐，幼苗长势不旺，抗病力大为降低。这些幼苗，特别容易发生猝倒病。

（4）间苗和抚育管理

苗木过密常造成光照不足，通风不良和湿度较高的小气候环境，不但苗木生长不良，且有利于病原物的繁殖、传播和侵染。许多病害在这种条件下更加严重。例如松苗叶枯病、杨苗黑斑病等在苗木密生的圃地场发生，而且要严重得多。其他抚育管理措施如除草、灌溉、排水等如不及时，也会使苗木生长受影响，引起某些侵染性病害发生或使病情加重。

2．在造林工作中应注意下列问题

（1）适地适树

要根据立地条件类型来配置适当的造林树种。树种同立地条件不相适应，林木生长不良，病害也特别严重。在引用外来树种造林和扩大乡土树种的造林范围时，则要特别注意。我国南方在丘陵地区营造杉木林时，由于强调集中成片，不顾土壤条件，整地和幼林抚育工作又未能跟上，致使杉木黄化病和炭疽病普遍发生，这就是其中一个明显的实例。

(2) 混交林和复层林

混交树种和下木对病原物的传播有阻隔作用。例如落叶松早期落叶病的侵染来源是地下的落叶，在针阔混交林中，落叶松病叶被混交树种的落叶覆盖，阻碍了病菌孢子的发射，使病害比纯林中显著减轻。下木多的林分中也因为这个原因而发病较轻。合理的混交方式，会对主林木生长具有促进作用，从而，更能对增强寄主的抗病力有显著作用。但营造混交林时，要注意树木锈病的转主寄生关系，如落叶松和杨树，松树和栎树等。在病害流行地区，要注意混交树种的选择。

(3) 苗木质量

造林用的苗木质量同幼林病害有密切的关系。有时因苗木本身不够规格，有时因起苗不慎或长途运输保护不周，使苗木的抗病力降低，定植后易于感病。有时苗木在出圃前已经感病，将病菌带到造林地上，进一步扩展为害，使造林成活率大大降低。杨树在定植的第一年很容易感染溃疡病，苗木质量不佳或苗木在定植前受到损伤是重要原因。

(4) 疏伐和修枝

林分密度过大同苗木过密一样也会造成林木生长不良和适宜于病害发生的环境。例如，竹秆锈病就在密林中发病重，所以应该及时进行疏伐，使其保持合理的密度。修枝是森林抚育的一项技术措施，结合修枝作业清除林木感病的枝条，可以减少病菌的繁殖基地，防止病害进一步发展，对某些病害常有一定的抑制效果。对泡桐丛枝病等系统侵染的病害，若在症状初出现时，立即清除病枝，则有较好的治疗作用。

3. 在采伐作业中应注意下列问题：

(1) 调整采伐树龄

对立木腐朽病较重的林分，应适当缩短采伐龄，避免腐朽病进一步发展而造成更大损失。

（2）保护幼树，清理迹地

采伐时应尽可能避免砸伤幼树。采伐迹地应及时清除残余物，必要时进行伐根处理，以减少弱寄生病原物的滋生基地。

（3）及时集材和运材

避免原木在山场或集材场停放过久，特别不能过夏，否则原木会严重腐朽，造成重大损失。

四、化学防治

使用化学杀菌剂是防治农作物和经济作物病害的重要手段。在林业与园林工作中，过去只限于森林苗圃和经济林、种子园、风景林以及庭园、行道树等。近些年来，我国曾试用杀菌烟剂防治落叶松早期落叶病和马尾松赤枯病等，虽有一定效果，但大面积使用终究是困难的。

杀菌剂按其作用分为两大类。一类叫保护剂，它的作用是在寄主体外杀死病菌或抑制孢子发芽，以保护寄主不受侵染。一类叫治疗剂或内吸剂。它能渗入寄主体内并能在植物体内转移，以阻止病原物扩展或杀死病原物。现在应用的杀菌剂主要是保护剂，其中虽有一些具有内吸作用，但效果还不理想。用杀菌剂处理种子可以杀死种子表面的病原物，现时以用粉剂拌种较为经济而方便。用持久性杀菌剂处理种子还可以在播种后保护种子不受土壤中病菌的侵害。

在森林苗圃中用杀菌剂进行土壤消毒，其作用是多方面的，如石灰可以改变土壤性质，促进植株生长，也有部分杀菌作用。皂矾（硫酸亚铁）主要是提高土壤酸度。福尔马林和溴甲烷等，则完全是杀菌作用。土壤是一个很复杂的环境，它本身的结构、性质和生活在其中的各种微生物都可能受杀菌剂的影响。因此，土壤消毒的效果常常很不稳定，不是非常必要的时候，不宜使用。

杀菌剂较常用于喷洒树木地上部分，保护树木不受病菌侵染，要求在病菌侵入之前喷洒，而且要均匀而周到地覆盖在树木表面，才能起到防病效果。因此必须了解这种病害是否会发生再次侵染，并且掌握初次侵染和再次侵染发生的主要时期，适时喷药。

内吸杀菌剂是当前各国研究的重要课题。目前的内吸剂以抗菌素类为主，其他如托布津、多菌灵等兼有内吸作用。它们主要由根部吸收，通过维管束组织进入枝干和叶部，在树木枝干中保留的时间不长，而逐渐沉积在叶片的边缘和先端，对新生的芽叶病害和根部病害没有防治作用。现在各方希望研制自叶部吸收、能随树木养分输导系统转移的内吸剂。这种内吸剂能进入树木各个部分，对许多病害都有防治作用。

对经济价值较高的树木，有时可进行外科治疗。如树木枝干溃疡病，可以进行刮治，先将枝干上的病部用利刀刮除，然后涂上伤口消毒剂和伤口保护剂，可以防止病斑扩大，并促进伤口愈合。庭园观赏树木的创伤和腐朽空洞，可将受伤及腐朽部分挖除，伤口消毒后，用适宜的填充物进行填补。

树木病害的化学防治作用快，效果好，在森林苗圃、经济林以及行道树上是防病的重要手段。目前强调环境保护，防止农药污染，这促进我们不断深入研究，用高效低毒的新农药来代替毒性强的旧农药。

五、生物防治

所谓生物防治，就是利用环境中各种生物（主要是微生物）同病原物间的相互关系来防治植物病害。过去主要研究土壤中微生物种群的消长动态及其对植物病原物的颉抗作用，并用轮作、施肥、灌溉等耕作措施，或用颉抗性微生物的人工培养物调节土壤中微生物区系，抑制病原物的增长。这对农作物和森林苗圃中的根部病害的防治能取得一定的效果。对植物地上部分表面附生的微生物种群和某些病原物的寄生关系，也曾进行过不少研究，但在实践中用于防治树木病害还远不成熟。

近些年来，欧洲用一种木材腐朽真菌防治松根白腐病，于林分疏伐时用这种木腐菌的孢子接种在新鲜伐根上，这种木腐菌迅速占领了伐根，从而排除了根白腐病菌的侵染。根白腐病菌是首先侵染新鲜伐根，然后以伐根为基地再侵染健康林木的根部。英国已有这种木腐菌制剂的商品生产，并初步在生产中推广应用。

第七节　树木病害防治中值得注意的几个问题

树木病害防治与农作物病害防治、果树病害防治相比较，存在着一定差异。而树木病害防治本身又存在着林木病害、园林绿化树种病害防治的种种区别。前者比后者的防治工作更为复杂，更为艰难。总之，树木病害防治是非常专业的一项任务。即使是专业人员，也还存在着不断实践，不断积累的一个比较漫长的过程。根据目前树木病害防治工作的现状，特提出如下几个值得注意的问题。

一、科学进行化学防治

1. 化学防治并非是防治措施的唯一选择

正如前述，树木病害防治的基本原则是预防为主，综合治理。为此，在开展防治工作中，应始终注意贯彻这一基本原则。另外，病害防治的具体手段是多种多样的，在使用时，应根据每种病害的不同特点，做出科学合理的选择。为此，完全没有必要把化学防治方法作为整个防治工作的着眼点。

完全依赖化防，实际是防治工作的一个误区。一般在化防同时，应积极改善树木的立地条件，加强养护管理，这样可以大大提高防治效果。改善立地条件，加强养护管理的方法，虽然不是直接针对病害本身，但却能促进树木的生长势，提高了抗病害的能力。另外，有时它还能起到抑制有害生物大量生长繁殖的作用。即使不采用化防，它也同样能取得较好的防治效果。再有，养护管理工作还有利于及时发现病害，及时防止其扩散蔓延。

2．化防中的4个关键点

必须进行化防时，应牢牢掌握4个关键问题：

（1）选择合适的药剂种类；

（2）选择施药浓度；

（3）抓住关键的施药时间；

（4）采用最佳的施药方法。

这4个方面缺一不可，否则，将前功尽弃，弄巧成拙。

此外，在人员流动频繁的城市内、风景旅游区等地方，选择药剂种类时，尤其要注意行人安全。只有效果好、对人畜安全、使用方便、价格低廉的药剂，才能算是最理想的药剂。

二、改善立地条件

在树种确定后，应根据树木的生物学特性，选择相应的栽培地段。同样，在栽培地段确定后，应选择合适的树种，这两项工作是树木病害防治的根本对策，也是一项最容易被人忽略的问题。正因为如此，针对现有的情况，为了防止病害的严重危害，就应积极改善立地条件，努力促进树木生长，提高树木本身的抗病能力。这是一个重要的问题。以下分4个方面作简要说明：

1．合理排灌

（1）对地势低洼积水或地下水位较高的地段，应注意加强排水。夏季雨水较多时，对于不耐水渍的树种尤为重要。

（2）开挖排水沟，要注意沟的深度（要求深度在植株根系大量分布层以下）、沟的走向以及沟内填充物，应避免将排水沟砌成固定沟。

（3）对地下水位高的地段，应注意适当降低水位，使排水沟与大的水沟、水塘相连。

（4）对小范围局部积水的洼地，可选择邻近的地点，挖深坑，屯水，而后及时排放。

（5）苗圃地的灌水，通常为沟灌，但夏季沟内不宜长期蓄水，应随灌随排，否则会发生烂根、死苗现象。

2．局部酸化土壤

就大多数树种而言，适宜生长在偏酸性的土壤上。如若小范围的地块上为碱性土，或由于某种原因变成碱性的，则可采取局部酸化土壤的措施，得到解决。一般使用$FeSO_4$液浇灌土壤即可。但在具体操作过程中，要注意能够酸化的范围大小及深度等问题，否则，也难以收效。

3．改善光照条件

对阳性树种而言，应注意适时改善光照条件，促进生长。如林内可适当疏伐，适当修枝，使植株通风透光。对目前已被过度遮阴的古树名木，则可采取分期修剪其他植株的枝条，逐渐增加光照的方法。对当年移植的大树，在完全成活之前，夏季高温期，亦需适当遮阴，但不可以长期行全遮阴。总之，遮阴的强度，透光度需根据树种特性而定，不能生搬硬套。

与上述相反，凡阴性树种，应定植在背阴处或高大树种的冠下部，而不宜定植在阳光直射处。所有这些都属于常识性问题，不再赘述。

4．合理施肥

土壤中有机物含量少，比较贫瘠时，可适当施肥，但要注意不同肥料的特点与使用的方法。

（1）有机肥，应充分腐熟后使用。未经腐熟的肥料，常可诱发虫害，烧根等现象的发生。

（2）施化肥应避免偏氮。一般于夏末秋初偏施氮肥，常使秋梢徒长，而后，苗木易遭受虫害或冻害的危害。这对针叶树苗而言，尤需加以重视。

（3）避免贴根施肥，沟施比穴施好。

（4）植穴中多垃圾土或土壤过于黏重的，可在坑内适当增施成品有机肥，如此，可增强土壤的透水能力，提高土壤的肥力。

（5）对确有证据证明土壤中缺少某种微量元素时，可适当选择某些液肥，使植株及时得到一定补充。

三、合理配置植物种类

在园林绿化工作中，应注意合理配置观赏植物的种类。为此，需注意下列3个问题：

1．科学搭配植物种类，要求冠形、色彩等方面的巧妙组合，提高其观赏性以及整体的景观效应。

2．组合的植物种类，一般应要求在日常养护管理的具体操作过程中，它们间不会发生相互矛盾的情况。若能相互促进生长，互为有利，则更好。如阳性的乔木树种居上方，冠下植耐阴的灌木，就较为理想。又如在雪松、松树与广玉兰等树种下，不能栽植草坪草及草花类植物。因为它们在夏季，需经常浇水，这对上方的乔木生长不利，但可配置耐旱的草花植物。

3．组合的树种间，不应发生病害交互感染的现象。

如银杏林周围大量栽植水杉树，则叶枯病严重发生；在海棠树周围植树，有利于锈病的发生与为害；另外，在病害严重发生地区，不应再配置有关的寄主树种。在我国南方，松材线虫病疫区内不可配搭松属树种，就是典型一例。

四、选择或更换适宜的树种

一般而言，大多数的乔木树种适宜定植在土壤肥沃、土层深厚以及排水良好的地块上。对于立地条件比较恶劣的地块，则不适宜一般树种的生长，因此，需有针对性地作出一定选择或更换树种。具体来说，要选择、更换那些抗逆性较强的一类树种，进行栽培。以下，略举3例说明。

1．在盐碱地区，应选择耐盐碱的树种，如刺槐、桧柏、侧柏、女贞、珊瑚树、海桐、冬青、枫香、黄连木、乌桕、杜梨等。

2．在空气污染较严重的地段，必须首先考虑抗烟能力较强的树种，如珊瑚树、大叶黄杨、冬青、红淡、白蜡、银杏、皂荚、刺槐、悬铃木、女贞、枰木、枫香、侧柏、夹竹桃、灯台树、樟树、海桐、八角金盘、山茶、桧柏、厚壳等。

在有污染源的厂矿区范围内，不仅要考虑栽培抗烟的树种，还应考虑它们对空气净化等其他方面的作用。

3．在风力较大的地段，应选择抗风树种，进行栽培。抗风力强的树种有：松树、圆柏、榉树、胡桃、白榆、乌桕、核桃、枣树、葡萄、臭椿、朴树、栗树、槐树、梅树、樟树、麻栎、河柳、台湾相思、柠檬桉、南洋杉、柑橘、竹类植物等。

第二章

海棠病害

一、褐斑病

1. 寄主树种

除海棠外，还有木瓜、温陂、贴梗海棠等树种。

2. 症状

该病危害叶片，初期为褐色斑点，以后形成圆形或多角形的褐色病斑。病斑扩大后，互相汇合，形成大的病块，并在其上形成许多灰绿色绒毛状的子实体。

3. 病原

该病原为一种尾孢菌（*Cercospora cydoniae* Ell. et Ew.）。

分生孢子梗密集在黑褐色子座上，不分枝、无隔膜，直立或稍弯曲，淡橄榄褐色，长度为6～32μm。分生孢子线形或倒棍棒形，几乎无色，隔膜多而不明显，大小为25～67μm×2～3μm。

4. 发病规律

（1）病原菌在感病落叶上越冬。春季4月下旬起，当气温达20℃左右时，越冬后的病原菌产生分生孢子，进行初次侵染。

（2）病害在梅雨季节发生较重，10月间逐渐停止发生。

5. 防治方法

（1）冬春季节，清除落叶，并集中处理，以减少病害侵染来源。

（2）发病期，进行化学防治。4月下旬起，可喷洒65%代森锌600倍液，每隔10d 1次，连喷3～4次有效。

二、白粉病

1. 寄主树种

除海棠外，还有苹果、沙果等树种。

2．症状

该病危害叶片、新梢、花器及芽等部位。苗木感病后，叶片上覆盖一层白粉，后变褐色，逐渐枯死。受害梢部展叶较迟，且叶形变长，叶缘上卷，后期在病叶上形成黑色小颗粒状物，即病原菌的闭囊壳。大树感病后，春季抽发的新梢与叶片上，均覆盖一层白色粉状物，枝条节间变短，叶形变长。若在生长期叶片感病，则于叶背产生白粉层，叶形皱缩、扭曲（图1-1～1-3）。

3．病原

该病原为白粉菌中的叉丝单囊壳 [*Podosphaera leucotricha* (Ell. et Ev.) Salm.]。

分生孢子梗呈棍棒状。孢子串生，无色、单胞、椭圆形，大小为20～31μm×10.5～17.0μm。闭囊壳近球形，上生有2种附属丝，顶端的呈现二叉分枝或不分枝；基部的短而粗，略卷曲。子囊单生，椭圆至球形，内含8个子囊孢子。子囊孢子单胞、无色、椭圆形，大小为22～66μm×12～14μm（图2-1～2-3）。

4．发病规律

（1）该菌以闭囊壳在落叶上越冬或以菌丝潜伏在冬芽上越冬，春季侵染嫩叶、新梢。

（2）春季干旱的年份发病较重。夏季多雨凉爽、秋季晴朗，则有利于病害的后期发生。

（3）栽植密度较大，偏施氮肥，低洼易积水的地段，也有利于病害发生。

5．防治方法

（1）秋冬结合整枝，尽可能减少侵染来源。

（2）发病初期喷洒45%硫悬浮剂200倍液或15%三唑酮1500倍液、70%甲基托布津800液，均有较好的效果。

三、锈病

1. 分类

在桧柏上发生的枝锈病，可分为3个种（图3-1～3-3）。分种的依据，除冬孢子堆的着生部位、排列方式不同外，它们的转主寄主种类也不相同。以下，就桧柏锈病的种类及区分方法，具体概述。

（1）桧柏梨锈病（*Gymnosporangium asiaticum* Miyabe ex Yamada）

该病危害桧柏的刺状叶及幼嫩的枝条。受害的枝条肿大呈梭形，其上冬孢子堆聚集。冬孢子堆角状，锈褐色。每年春季，3月下旬～4月初，冬孢子发育成熟，吸水膨胀后，呈黄色胶状物（图3-1）。

病原菌担孢子飞散后，侵染梨树或山楂、木瓜属树种。病害主要危害梨树的叶片。初期，在其上产生许多黄色小斑点，以后略有扩大，同时，叶组织变肥厚并向背面隆起。在感病部位产生蜜黄色小点（病原菌性孢子器），不久，在叶片背面产生毛状物，即病原菌锈孢子器。该病除危害叶片外，还能危害叶柄、果实及果柄（图4-1～4-2）。

当年5月下旬至6月，梨树的锈孢子成熟后，锈孢子飞散至桧柏上进行侵染，秋冬季形成冬孢子堆（图5-3）。

（2）桧柏苹果锈病（*G. yamadae* Miyabe）

该病冬孢子堆产生在桧柏的已木质化的小枝上。受害部位肿大成球形、半球形。并在其上产生冬孢子堆（图3-2、图5-2）。

（3）桧柏石楠锈病（*G. japonicum* Syd.）

该病危害桧柏的已木质化的枝条。该枝条较前者的枝条直径粗。受害部位肿大呈长梭形，冬孢子堆在其上排列成一长条状。由此可以与前两种相区别（图3-3、图5-1）。

2. 病原

根据上述分析、比较，海棠锈病病原菌应为 *G. yamadia* Miyabe。

3. 症状

该病危害海棠产生的症状与在梨树上发生的症状相似。

4. 防治方法

（1）该病对桧柏的危害，虽不是很严重，但是，它却是海棠上锈病的侵染来源。若在海棠园圃周围5km的范围内不栽培桧柏，即可避免海棠上锈病的发生。如此做法，在生产实践中往往是不可能的，因此，需要对海棠树及时进行施药，以保护该树不受侵染。

（2）施药的时期是化学防治的关键。每年春季，当桧柏上冬孢子角吸水膨胀时，说明病原锈菌的担孢子不久将会产生、飞散，如能及时喷药，则定会取得良好效果。有效的药剂如代森锌、粉锈宁、石灰倍量式1%波尔多液等均可。施药时，要注意喷洒均匀，以提高防治效果。

四、腐烂病

1. 寄主树种

除海棠外，还有苹果树以及用苹果属树种作砧木的树种。

2. 症状

该病危害海棠的枝干，若病斑扩大，绕枝干1周后，则以上部分即完全枯死。

病害初期，病斑褐色，病健交界处明显。以后，病斑迅速扩大，并有黄褐色液体溢出。后期病斑凹陷，其上着生若干小颗粒状子实体，此为病原菌的分生孢子器。当天气潮湿时，在小颗粒上溢出丝状、橙黄色的孢子角（图6-1~6-3）。

3. 病原

该病病原菌为一种子囊菌[*Valsa ceratosperma* (Tode et Fr.)

Maire]。该病原菌与苹果腐烂病原菌系同一个种。它的无性阶段为 *Cytospara* sp.。

子囊壳呈烧瓶状，子囊孢子单细胞、无色、肾形，大小为 $4.5\sim7.5\mu m\times0.75\sim2.0\mu m$。分生孢子器为多腔室不规则形。分生孢子单细胞、无色、肾形，大小为 $2.9\sim5.7\mu m\times0.5\sim0.86\mu m$（图 7-1～7-2）。

4. 发病规律

（1）病原菌以菌丝、分生孢子器、子囊壳在病部以及枯死枝条上越冬。

（2）病原菌孢子可借风雨、昆虫传播，从伤口侵入，主要侵染生长衰弱的植株。

（3）干旱、冻害等极端天气条件下，均有利于病害的发生。

5. 防治方法

（1）加强栽培管理，增强树木生长势，提高植株抗病力，这是防止该病严重发生的最根本的措施。

（2）冬春季节，往枝干上喷洒波美5度的石硫合剂，杀死越冬后的病原菌。

（3）冬春修除枯枝，并集中处理，以减少病害侵染来源。

（4）入冬前刮除病斑，然后涂刷40%福美砷50～100倍液，能有效防止发病。

五、根癌病

1. 寄主种类

该病危害多种针阔叶树种和草本植物。它所涉及的植物种类，共达61个科300余种。在针叶树种中有桧柏、花柏、南洋杉、罗汉松等，在阔叶树种中有杨树、柳树、海棠、桃树、梨树、苹果、月季、蔷薇、梅花、樱花、核桃、葡萄等。但常见的危害树种，多半为蔷薇科和杨柳科的树种。

2．症状

病害多发生在树木的根颈部位，主根或侧根处，偶尔在主干、枝条上。发病部位产生褐色瘤状物，大小不等，表面粗糙，龟裂（图8-1～8-2、图9-1）。

3．病原

该病病原为细菌中的致癌农杆菌（*Agrobacterium tumefaciens* Conn）（图8-3、图9-2）。

4．发病规律

（1）病害在田间的传播方式为灌溉水流，或通过采条、嫁接、耕作活动等人为方式传播、扩散。病害的远距离传播是通过种苗调拨而实现的。

（2）湿度大、微碱性、较疏松的土壤，有利于病害发生。

（3）苗木的繁殖方式与发病有关。埋条法比嫁接法易发生病害；劈接比芽接发病率高。

（4）危害杨树时，根癌病发生与杨树种类有关。一般毛白杨发病率高，加杨发病较轻，沙兰杨不受害。

5．防治方法

（1）采购苗木时，应严格检查是否带病，若有可疑的植株，可用1%硫酸铜液浸根5min，后以清水冲洗，再行定植。

（2）选用健康的苗木进行嫁接，同时，嫁接刀需要75%酒精消毒。

（3）采穗条时，应尽可能提高采集部位。

（4）田间操作时，需尽可能防止苗木上产生伤口，并需及时防治地下害虫。

（5）对田间重病株，应及时挖除处理；对轻微的病株，可切除病瘤，后以石灰乳涂抹伤口，也可以用甲醇50＋冰醋酸25＋碘片12三者的混合液直接涂抹病瘤，使病部得到治愈。

（6）对发病苗圃地的土壤，可施用硫磺粉或硫酸亚铁进行土壤消毒。药剂用量：7.5～15kg/hm²。

第三章
树木虫害概述

第一节　树木害虫的主要特征

按动物分类学要求，称为"昆虫"的小动物，必须满足以下条件（成虫期）：

（1）体躯左右对称，由若干环节组成，这些环节集合成头、胸、腹3个体段；

（2）头部是取食与感觉的中心，具有3对口器附肢和1对触角，通常还有单眼和复眼；

（3）胸部是运动与行动的支撑中心，具有3个体节组成，有3对足；中、后胸常各有1对翅；

（4）腹部是生殖与代谢的中心，通常由9～11个体节组成，内含大部分内脏和生殖系统，腹末常具有转化为外生殖器的附肢；

（5）由卵中孵化出来的昆虫，在生长发育过程中，通常要经过一系列显著的内部及外部体态上的变化，才能转变为性成熟的成虫。这种体态上的改变称为变态。

简言之，昆虫纲最主要的特征是：身体明显分成头、胸、腹三个体段；具有2对翅；3对足。由此可见群众中俗称的虫子，其实并非都是昆虫。按动物分类系统，昆虫属于动物界，节肢动物门，昆虫纲。节肢动物门是无脊椎动物中相对较进化的1个门，其种类约占世界已知动物总种数的85%，节肢动物门常分为：蛛形纲、甲壳纲、唇足纲、重足纲和昆虫纲。

表1．节肢动物门各纲主要区别

纲名	体躯分段	复眼	单眼	触角	翅	足	代表种
蛛形纲	头胸部，腹部	无	2～6个	无	无	2～4对	蜘蛛、螨类
甲壳纲	头胸部，腹部	1对	无	2对	无	至少5对	虾、蟹、蝎子

唇足纲	头部，胴部	1对	无	1对	无	每节1对	蜈蚣
重足纲	头部，胴部	1对	无	1对	无	每节2对	马陆
昆虫纲	头部，胸部，腹部	1对	1~3个	1对	通常2对	3对	甲虫、蛾、蝶、蝗虫

以取食树木的根、茎、干、叶、芽、花、果实、种子等各种植物组织为主，并对树木的正常生长发育产生不良影响的昆虫统称为"森林害虫"或"树木害虫"。据1979~1983年全国森林病虫普查统计，我国森林害虫种类约5020种。鉴于海棠自身的生理、形态特点及栽培方式，危害海棠的害虫种类目前约有40余种。已知的一些重要害虫，如：刺蛾类、蚧壳虫类、天牛类以及木蠹蛾等，它们对海棠的生长发育及观赏价值均会产生严重的不利影响。

第二节　昆虫的外部形态

昆虫的体躯分为头部、胸部、腹部3个体段，每个体段都着生有不同类型的附器。

一、头部及附器

头部是昆虫体躯最前面的一个体段，外壁是由头前叶和几个体节愈合而成的、坚硬而不分节的、椭圆或球形的头壳，着生1对复眼，1~3个小眼（个别退化），1对触角及口器等附器。它是昆虫的感觉和取食中心。

1．头式

昆虫的头式根据口器在头部着生的位置分成三类：

（1）下口式

口器向下，位于头的下部。头的纵轴与体躯的纵轴大致呈直角，如：蝗虫、叶甲等成、幼虫、蛾、蝶类幼虫。它们多为植食性昆虫。

（2）前口式

口器向前，位于头的前部。头的纵轴与体躯的纵轴差不多平行。如：步甲成虫、天牛幼虫。多为捕食性和钻蛀性昆虫。

（3）后口式

口器向后，位于头的右下方。头的纵轴与体躯的纵轴成锐角。如：蚜虫、蝉类、蟪蟆等，多为刺吸式口器的昆虫。

2．复眼和单眼

（1）单眼

昆虫的单眼构造比较简单，可分为背单眼和侧单眼两类。一般成虫有2～3个背单眼，少数种类只有1个或无单眼。侧单眼只有幼虫具有，位于头部二侧，1～7对不等。单眼只能感知光线强弱和物体远近，仅个别种类可辨别形状和颜色。

（2）复眼

构造相对复杂，每个复眼由多数小眼构成，每个小眼由集光器（角膜、晶锥）和感光器（视觉细胞网膜和视杆）组成，每个小眼面呈六角形。放大的复眼表面似蜂窝状，由多数个六角形小眼面构成。每个小眼接受一个光点，然后由各个光点构成一幅完整的图像。不同种类昆虫复眼的小眼数各不相同，小眼的数目越多，图像就越清楚。部分低等昆虫、穴居及寄生昆虫的复眼常退化或消失。如：家蝇有4000个小眼，蜻蜓有10000～28000个，蛾蝶类有12000～17000个，白蚁则少于13个。

昆虫的复眼与动物和人类的眼睛不同，缺少调节焦距的功能，所以所有的昆虫都是"近视眼"，其视力仅及人类眼视力的1/80～1/60。它们一般只能辨别近处的物体，如：蜜蜂仅40～60cm，家蝇40～70cm，蛾、蝶类100～150cm。但复眼却具有迅速、准确地感知、识别快速移动物体的特殊功能。

3．触角

（1）基本构造

一般着生于额区，有的位于复眼之前，有的位于复眼之间。其基部着生在一个膜质的窝内，即触角窝。触角的基本构造包括3部分：第一部分为柄节，通常粗短；第二部分为梗节，细小关节状；第三部分为鞭节，通常细长分若干节或变化成其他形状。

（2）触角的类型

不同种类的昆虫的触角鞭节常变化或呈各种不同的形状，由此产生以下常见的触角类型：丝状（雌蛾、天牛、叶甲）、羽毛状（雄蛾）、念珠状（白蚁）、刚毛状（蝉、蜻蜓）、锯齿状（叩头虫、芫菁）、栉齿状（豆象）、球杆状（蝶类）、鳃叶状（金龟子）、锤状（小蠹虫）、具芒状（蝇类）、环毛状（雄蚊）、膝状（一些蜂类）等。

（3）触角的功能

触角是昆虫重要的感觉器官，主要是嗅觉和触觉功能，有的有听觉功能。触角上着生有成千上万个不同类型的感觉器。如蜜蜂一根触角上有3000~3万个嗅觉器，能准确感知、定位花香、蜜源；雄蚊触角的梗节上具江氏器，能感知36m外雌蚊发出的音频信号，还能感知周围环境的二氧化碳浓度、温度及人体血液循环振动频率变化等信号。一个雄蛾通过触角能接收到1、2km远处雌蛾发出的性信息信号，甚至达到分子级水平。昆虫通过触角上各种类型、极其灵敏的感觉器，可以帮助自身完成觅食、聚集、求偶、寻找产卵场所等各种行为。失去触角的昆虫将一事无成。

了解掌握昆虫触角的构造及功能，可以帮助我们识别昆虫；并针对不同触角类型采取各种相应的物理、化学方法有效控制、防治害虫；开展对触角的仿生学研究，为人类服务。

4．口器

（1）基本构造

口器是昆虫的取食器官，主要由5部分构成：上唇、上颚、下颚、下唇、舌。各种昆虫由于取食方式不同，其口器在构造上发生变化，产生不同的口器类型。

（2）口器类型

树木害虫主要的口器类型包括以下几种。

① 咀嚼式口器

取食固体食物（如：茎、干、叶、果等），是最原始的口器类型。其他各类型口器均由咀嚼式口器演化而形成。它由上唇、上颚、下颚、下唇和舌5部分构成。

咀嚼式口器主要功能是切断、磨碎固体食物，从而使植物组织产生机械损伤，常见的植物被害状有：A.叶片被咬成缺刻、孔洞、网状、卷叶、潜叶或吃光等；B.局部被害组织增生形成虫瘿；C.幼嫩枝梢萎蔫枯死；D.钻蛀茎干形成蛀道；E.钻蛀果实种子。所有被害部位均有大量虫粪、碎屑堆积（蝗、天牛、金龟子的成幼虫、蛾蝶幼虫）。

② 刺吸式口器

取食液体食物。口器呈针状，主要吸食植物汁液，使植物组织产生变色、畸形等生理性损伤。常见的植物被害状有：A.叶片被害后出现斑点、变色（红、黄等）、卷曲、皱缩变形；B.局部被害组织增生形成虫瘿；C.幼枝嫩梢变色、萎蔫、畸形、丛生；D.害虫排泄物常诱发煤污病或与蚂蚁共栖，如：蚜虫、介壳虫、螨类等。

③ 虹吸式口器

取食液体食物，口器呈卷曲的虹吸管状，为蛾、蝶类昆虫所特有，主要吸食树液、雨露及花蜜。一般对植物不造成危害，在吸食花蜜过程中还可以帮助植物授粉。仅个别种类（吸果夜蛾）能吸食危害幼嫩果实，如蛾蝶类成虫。

除上述类型的口器外，尚有舐吸式口器（蝇类），刮吸式口器（牛虻），锉吸式口器（蓟马），嚼吸式口器（蜜蜂）。掌握口器类型，除有助于识别昆虫种类外，在防治害虫时应针对不同口器类型采取相应的防治措施。如：对咀嚼式口器害虫，应采用胃毒剂、触杀剂或熏蒸剂、烟雾剂等。对刺吸式口器害虫用胃毒剂无效，应采用触杀、熏蒸、烟雾剂或内吸剂防治。对虹吸式害虫可采用烟雾、诱杀等方法。

二、胸部及附器

胸部是昆虫成长的第2体段，位于头部之后，由3节构成，依次称为前胸、中胸、后胸。每胸节着生1对足，分别被称为前足、中足和后足。中胸和后胸还各生有1对翅，分别被称为前翅和后翅。胸部是昆虫的运动中心。

1．足

成虫的足由基部向端部依次为基节、转节、腿节、胫节、跗节、前跗节。

不同种类的昆虫，为适应不同的生活环境和方式，足常常发生各种特化，常见的类型有：步行足（天牛、叶甲），开掘足（蝼蛄前足），跳跃足（蝗、蟋蟀后足），携粉足（蜜蜂后足），游泳足（水生鞘翅目昆虫后足），捕捉足（螳螂前足），抱握足（雄性龙虱前足），攀缘足（虱子）等。

2．翅

（1）基本构造

昆虫是无脊椎动物（包括节肢动物门）里唯一有翅的动物。昆虫的翅是由背板向两侧延伸而来，为双层膜质构造，其间硬化的血管构成翅脉，支撑翅面，起骨架作用。昆虫的翅一般呈三角形或近三角形，具三缘，三角和四区。

（2）脉相

翅脉在翅上的分布形式称为脉相（或脉序）。不同种类昆虫脉相各异，是昆虫分类的重要依据。为便于识别，人们对各种现存昆虫和昆虫化石的翅脉加以比较，归纳为具有代表性的模式脉相或称假想原始脉相，作为鉴别和描述昆虫脉序变化的标准。

翅脉分为纵脉和横脉两大类。纵脉是从翅基伸向翅缘，纵列于翅面的翅脉。横脉是横列于两纵脉之间的短脉。纵脉和横脉都有一定的名称和缩写字母代号。

纵脉名称、代号及支数：前缘脉（C）1支；亚前缘脉（Sc）2支；径脉（R）5支；中脉（M）4支；肘脉（Cu）3支；臀脉（A）1～12支；轭脉（J）2支。

横脉名称、代号及连接的纵脉：肩横脉 (h) 连接 C 和 Sc；径横脉 (r) 连接 R1 和 R2；分横脉 (S) 连接 R3 和 R4 或 R2+3 和 R4+5；径中横脉 (r-m) 连接 R4+5 和 M1+2；中横脉 (m) 连接 M2 和 M3；中肘横脉 (m-Cu) 连接 M3+4 和 Cu1。

翅室：翅面上由纵脉、横脉及翅缘围成许多小区，称为翅室。四周为纵脉和横脉所包围的称闭室，如一边为翅缘则称开室。翅室的命名常以其前缘的纵脉名称来定。

（3）翅的类型

昆虫的翅在演化过程中，为适应不同环境和生活方式，其形状、大小、质地、覆盖物等均发生很大变化。

① 翅的退化和消失

如无翅型白蚁、雌蚧、雌袋蛾、某些雌尺蛾等。

② 翅大小、形状变化

A．前后翅大小、形状、脉序相似（白蚁）

B．前翅大于后翅（蛾、蝶、蜂、蚜虫等）

C．形状变化：后翅特化成平衡棍（蝇类、雄蚧）

③ 翅的质地及覆盖物变化（翅的类型）

A．膜翅：膜质透明，无覆盖物（蚜虫、蜂类、蜻蜓）；

B．鳞翅：膜质翅面布满不同形状、色彩的鳞片（蛾、蝶类）；

C．复翅：翅革质，有翅脉（蝗虫、蝼蛄等前翅）；

D．鞘翅：翅角质，硬，无翅脉（天牛、金龟子、叶甲等前翅）；

E．半鞘翅：翅基半部革质或近鞘质，端半部膜质有翅脉（蝽类前翅）；

F．缨翅：翅膜质狭长，翅脉退化，周缘有很长的缨毛（蓟马前、后翅）。

④ 翅的连锁

有些昆虫在飞行时，为了使前后翅保持一致，协调动作，以增强飞行效率，往往借助一些特殊的构造（称连锁器），把前后翅连接起来。常见的有：翅轭型（蝙蝠蛾），翅钩型（一些蜂类），翅缰型（大部分蛾类），翅肩型（蝶类、部分蛾类），卷褶型（蝉类）等。

三、腹部及附器

腹部是昆虫第3体段。大多昆虫腹部有9～10节。雌成虫第8、9节着生产卵器，雄成虫第9节着生交配器。有的昆虫腹末有一对尾须。腹部是昆虫新陈代谢和繁殖的中心。

1．雌性外生殖器

由于昆虫种类不同，产卵方式、习性各异，因此产卵器的形状、结构也有很大变化。如：蛾、蝶、甲虫的腹末形成伪产卵器，只能将卵产于物体表面；蝗虫产卵器瓣状，能在土中钻穴产卵；叶蝉产卵器锯刀形，能割破植物表皮，将卵产在植物组织中；蟋蟀产卵器矛状，能插入土中产卵。

2．雄性外生殖器

构造比较复杂，主要包括阳具和抱握器，平时多藏于体内，不外露。不同种类昆虫的雄性外生殖器高度特化，角质化程度高，特征较稳定，常作为昆虫分种的主要分类特征。

3．尾须

腹末节附肢演化而成，仅在少数较低等的昆虫中存在（如：蝗虫、白蚁等）。不同种昆虫尾须的长短、形状、分布等都不同，其上生有许多感觉毛，具有感觉作用。蠼螋的尾须硬化成铗状，具有防御功能。

四．体壁及衍生物

1．体壁的构造

体壁就是包裹在昆虫体躯（包括附肢）最外面的一层角质化的组织，担负着皮肤和骨骼两种功能，又称为外骨骼，是昆虫非常重要的保护性组织。昆虫的体壁由表皮层、皮细胞层和底膜三部分构成。

（1）表皮层

包括上表皮、外表皮、内表皮三层。

① 上表皮：小于1μm。包括护蜡层、蜡层、多元酚层、脂腈层。疏水性，可防止体内水分蒸发，体外水分及有害物质进入体内。

② 外表皮：含蛋白质、几丁质和脂类，色深且硬。

③ 内表皮：表皮层中最厚层，约10～200μm。含蛋白质、几丁质，色浅柔软，具有良好的延展性。

（2）皮细胞层

是一个连续、单层细胞的活组织。可分泌形成新的表皮层；皮细胞特化可形成各种体壁外长物（刚毛、鳞片、刺、距）或腺体及感觉器官。

（3）底膜

为体壁最内层，直接与体腔中的血淋巴接触。

2．体壁衍生物

体壁衍生物指由体壁的皮细胞层和表皮层发生特化所形成的构造，包括体壁的外长物和皮细胞腺二大类。

（1）体壁外长物，按来源和构造可分成两类：

① 非细胞性外长物

仅由表皮凸出或凸陷形成，没有皮细胞参与。如：微小突起、脊纹、刻点等。

② 细胞性外长物

由表皮和皮细胞层共同参与形成。细胞性外长物，可分为：

A．单细胞性外长物：由单个皮细胞特化而成，如刚毛、鳞片、毒毛。

B．多细胞性外长物：整个体壁外凸或内陷，由一层皮细胞参与，如：刺（固定在体壁上不能动）、距（基部有膜与体壁相连可以动）、内骨(内突供肌肉着生)。

（2）皮细胞腺

由皮细胞特化而成的各种腺体。按分泌功能不同分为：唾腺（涎腺）、蜡腺、丝腺、毒腺、臭腺、胶腺等。

3．体壁的功能

昆虫体壁的主要功能是：

（1）形成外骨骼使昆虫保持一定体型；

（2）形成内骨骼，加固体躯，并供着生肌肉；

（3）保护作用：防止体内水分过度蒸发及体外水分和有害物质侵入；

（4）着生各种附器的场所；

（5）有的体壁衍生物有感觉、防御及分泌特殊物质的功能。

4．体壁构造与害虫防治的关系

根据体壁结构，可以有针对性地采用各种措施破坏其防护功能，如：

（1）选择防治适期：幼龄期体壁薄易毒杀，高龄期体壁厚、硬，药剂不易穿透。防治害虫要注意治早、治小。

（2）破坏蜡层：采用脂溶性药剂或高温处理，可破坏表皮蜡层，有利药剂渗入虫体杀虫。

（3）使用几丁质合成抑制剂（灭幼脲等），抑制表皮几丁质合成，使幼虫蜕皮时不能形成新表皮，使变态受阻或形成畸形甚至死亡。

第三节　昆虫的生物学特性

一、昆虫的生殖方式

绝大多数昆虫是雌雄异体，主要进行两性生殖。但由于昆虫种类繁多，生活方式各异，所以还有多种特殊的生殖方式。

1．两性生殖

即雌雄两性交配，卵子受精后发育成新的个体，可分为卵生和卵胎生两类。

（1）卵生：绝大多数昆虫雌雄两性交配，受精产卵，卵排出体外后经一定时间发育成新个体，即为卵生。

（2）卵胎生：少数种类昆虫，受精卵在母体内即行孵化为幼体，而后产离母体继续生长发育，这种方式为卵胎生（蚜虫、麻绳等）。

2．孤雌生殖

又称单性生殖，指雌虫不经交配或交配后卵未受精即能繁殖成新个体，是一种无性生殖方式，可以卵生，也可以卵胎生。按发生周期不同，它又可分为三种类型：偶发性孤雌生殖、经常性孤雌生殖及周期性孤雌生殖。

3．幼体生殖

少数昆虫在母体尚未达到成虫阶段，即处于幼虫阶段时就能生殖，但产出的都是幼虫，如部分瘿蚊。

4．多胚生殖

一个成熟的卵产生2个或2个以上个体的生殖方式，常见于寄生性的蜂类（小蜂、茧蜂等）。

二、昆虫的变态

昆虫在生长发育过程中，其外部形态和内部构造都会发生显著变化。这种从卵孵化到成虫性成熟止所经历的一系列变化，叫变态。与树木害虫相关的变态类型主要有完全变态和不完全变态两类。

1．完全变态

昆虫在个体发育过程中，要经历卵、幼虫、蛹、成虫4个不同的虫期。幼虫和成虫在形态、生活习性上均不相同。

2．不完全变态

昆虫在个体发育过程中，仅经历卵、幼虫、成虫3个虫期，缺少蛹期。幼虫和成虫在形态、生活习性上均相似。不完全变态还可以分为：

（1）渐变态：幼期翅未长成、性器官不成熟是其主要特征，如：蚜虫、蝉、蝗虫等。

（2）半变态：幼虫水生，成虫陆生；成虫与幼虫形态、习性上有明显不同，如蜻蜓。

（3）过渐变态：雌性个体为不完全变态；但雄性个体在幼虫至成虫间，有个类似"蛹"的静止期，为完全变态，如介壳虫。

三、昆虫的卵

昆虫的发育分两个阶段：胚胎发育和胚后发育。胚胎发育从卵核分裂开始至幼虫孵化为止。胚后发育则从幼虫孵化开始到成虫性成熟为止，它包括幼虫、蛹、成虫三个发育阶段。

1. 卵的构造和形状

卵是一个大型细胞，外面包有一层坚硬的卵壳。卵壳内有卵黄膜、原生质、卵黄和卵核等。一般昆虫的卵都较小，但卵的大小与虫体大小及产卵量有关。卵的形状则变化很大，有卵圆形、肾形、球形、半球形、瓶形等。如：星天牛卵长椭圆形，长5～7mm；棉铃虫卵近半球形，高0.5mm，直径0.4mm；

2. 产卵方式和场所

随不同种类而异。有的单个散产（银纹夜蛾）、成块（桑褐刺蛾）、成堆（梨叶斑蛾）等。产卵场所则与产卵器构造和昆虫习性有关。

四、昆虫的幼虫

1. 幼虫的类型

不完全变态幼虫与成虫形态相似，仅翅未发育，性未成熟，通常称为若虫。完全变态昆虫的幼虫则可以分为：

（1）原足型：幼虫在胚胎发育早期（原足期），即孵化，如小蜂等。

（2）多足型：具3对胸足，2～8对腹足，如：叶峰、蛾、蝶幼虫。

（3）寡足型：具3对胸足，无腹足，如：金龟子，叶甲幼虫。

（4）无足型：无胸足和腹足，如：天牛、蝇类。

2. 幼虫的生长发育

（1）幼虫期：从初孵幼虫到幼虫完成发育（又称：老熟幼虫），停止取食，不再生长变蛹所经过的时间。

（2）蜕皮：幼虫在整个生长发育过程中不仅需要取食、增大体积，而且当虫体增大到一定程度时，由于角质外骨骼的限制，必须将虫体的旧表皮蜕去，才能进一步生长，这种蜕去旧表皮、形成新表皮的过程称为蜕皮。

（3）幼虫期的生长特点

因蜕皮而使昆虫的生长呈现间断性。即生长一段后，需蜕皮，虫体变大继续生长，再次蜕皮……直至发育成熟化蛹。

虫龄：用蜕皮次数为指标来表示昆虫幼虫的大小和生长进程。

虫龄=蜕皮次数+1

龄期：幼虫每相邻两次蜕皮间所经历的时间。

五、昆虫的蛹

蛹是完全变态昆虫从卵变为成虫过程的第三个阶段。幼虫发育成熟后（老熟幼虫）停止取食，排空消化道内的残渣，寻找适当的场所，裸露或吐丝作茧或在土下、茎干蛀道内作蛹室，缩短虫体，静止不动，这段时间称为预蛹期。不同昆虫的预蛹期长短不一。最后末龄幼虫蜕去表皮变成蛹（化蛹）。

1．蛹的类型

（1）被蛹：触角、足、翅紧贴蛹体，不能动（如蛾、蝶类）。

（2）离蛹：也称裸蛹。触角、足、翅等附肢不紧贴蛹体，可自由活动（天牛、叶甲等甲虫）。

（3）围蛹：半身是离蛹，化蛹时末龄幼虫的表皮未蜕去，形成较硬的外壳包住离蛹（蝇类）。

2．蛹期

指老熟幼虫蜕皮变成蛹，到成虫破蛹壳而出（羽化），期间所经历的时间。

六、昆虫的成虫

1．性二型和性多型

（1）性二型

指同种昆虫除生殖器官差异外，在虫体大小、体型、体色及形态结构等方面存在不同的现象，如蚧虫、袋蛾等。

（2）性多型

指在同一性别的个体中出现不同类型的分化，如白蚁等社会性昆虫，白蚁群体中有蚁王、蚁后、大小工蚁、大小兵蚁等。

2．性成熟和补充营养

（1）有的成虫口器退化，不取食，成虫羽化后性器官已成熟，羽化后不久即可交配产卵，成虫寿命短（如银杏大蚕蛾、黄刺蛾等）。

（2）成虫羽化后性器官未成熟，不能交配产卵，必须经过一段时间取食后才能交配产卵。这种对性细胞发育、成熟不可或缺的成虫期营养称为"补充营养"，成虫寿命长，如天牛、象甲等。

（3）成虫羽化后已达性成熟，能交配产卵。但成虫口器正常，可以继续取食，每一次补充营养后，即有一批卵成熟，这种取食称为"恢复营养"。

利用昆虫补充营养特性，可以采用多种物理、化学措施杀灭害虫。如：糖醋液诱杀地老虎成虫；对补充营养寄主施药或清除方法来杀灭天牛；在苗圃内设置施药的寄主枝叶诱杀金龟子等。

七、昆虫的世代和年生活史

1．昆虫的世代

（1）一个世代

昆虫从卵开始至成虫性成熟再产卵为止的整个发育周期称为1个世代。不同昆虫完成1个世代所需的时间长短不一，往往受到昆虫系统发育、遗传特性及环境因子等的影响。如：银杏超小卷叶蛾、银杏大蚕蛾均1年1代；黄刺蛾1年2代；斜纹夜蛾在华中、华东1年5代，在华南1年6代；星天牛在江浙南方地区1年1代，在北方则3年2代或2年1代。

（2）世代重叠

在同一时间内，可以见到不同时代的不同生态并存的现象。

（3）局部世代

指仅由部分虫体能完成的世代。如：柳乌木蠹蛾在江苏、山东主要2年1代，但少部分个体1年1代或3年1代。

（4）世代划分

对1年发生2代以上的昆虫，世代划分顺序以最早出现的卵开始为第1代，接着出现的卵为第2代。

2. 昆虫的年生活史

昆虫在1年中发生经过的状况称为年生活史，简称生活史。生活史一般包括：一年中发生的世代数，越冬或滞育虫态，各虫态历期等。年生活史可用文字记述，也常用图标方式直观表达。光肩星天牛生活史如表2所示。

表2　光肩星天牛的生活史（1996～1999；宁夏银川)*

世代	年	3 上中下	4 上中下	5 上中下	6 上中下	7 上中下	8 上中下	9 上中下	10 上中下	11 上中下	12-3 上中下
2年1代	第1年	(-)(-)(-)	- - -	- - - 0 0 0 + .	- - - 0 0 0 + + + ...	- - - 0 0 0 + + + ...	- - - 0 0 0 + + + ...	- 0 0 + + + ...	... - - -	... -(-)(-)	. (-)
	第2年	. . . (-)(-)(-)	. - - -	- - -	- - -	- - -	- - -	- - -	- - -	-(-)(-)	(-)
	第3年	(-)(-)(-)	- - -	0 0 0 + .	0 0 0 + + + ... - - -	0 0 0 + + + ... - - -	0 0 0 + + + ... - - -	0 0 0 + + + ... - - -	+	... -(-)(-)	. (-)

*注：0 蛹　　+ 成虫　　. 卵　　－ 幼虫　　(-) 越冬幼虫

八、昆虫的习性

1．休眠与滞育

（1）休眠

昆虫在不良环境下（温湿度过高过低、食物不足等），不食不动，新陈代谢降到最低水平，暂时停止正常的生长发育，一旦不良环境因素消除，昆虫即恢复正常的生长发育，这种现象称为"休眠"。以此方式昆虫可躲过不良环境条件，常见的有冬眠、夏眠。

（2）滞育

有些昆虫在生长发育过程中，会定期出现生长发育暂时停止现象，但与环境条件合适与否无关，而是种的比较稳定的遗传特性。它需经过一定时期，某种刺激，才能恢复正常生长发育，这种现象被称为滞育。通常光照是诱发和终止滞育的主要因子。

2．食性

食性即昆虫的取食习性，可划分为两大类——

（1）按食物的性质分为：

植食性、肉食性（捕食性、寄生性）、腐食性及杂食性4类。

（2）按食物范围的广、狭分为：

多食性（可取食多科植物，如大袋蛾、星天牛等）；寡食性（取食一个科或个别近似科植物，如：单翅透翅蛾等）；单食性（只取食一种植物，如：银杏超小卷叶蛾）。危害海棠的害虫大多为多食性害虫。它们能为害多个树种，有的还能为害多种农作物、杂草等。

3．趋性

昆虫对某种刺激源趋近或远离的行为叫趋性。趋近刺激源称为正趋性；远离刺激源则为负趋性。按刺激源性质，趋性可分为：

（1）趋光性

昆虫视觉器对光刺激所引起的反应。大多数蛾类对日光为负趋性，但夜间活动的某些蛾类对波长330～400nm的紫外光特别敏感，有较强正趋性。所以人们常常利用黑光灯（365nm）制成诱虫灯诱杀蛾类和其他趋光性昆虫。

（2）趋化性

昆虫通过嗅觉器官对某种化学物质的嗜好或忌避反应。人们常用于趋化性害虫防治中，如：糖醋液诱杀地老虎，鲜草、马粪诱杀蝼蛄，人尿诱杀竹蝗等。

（3）昆虫的化学通讯

昆虫种内个体间依靠特定的化学物质（信息素）的传递，以达到信息交流，完成各种行为的过程称"化学通讯"。其本质也是一种趋化性。按信息素特性，它可分为：

① 性信息素：由雌虫或雄虫分泌，以招引异性完成交配。目前已分离提纯、鉴定近百种昆虫性信息素，并已成功应用在对松毛虫、白杨透翅蛾等林木害虫的防治中。

② 聚集信息素：由先入侵个体分泌，招引同种其他个体共同入侵取食，常见于小蠹科昆虫。

③ 示踪信息素：常为社会性昆虫分泌，以招引其他个体至所发现的食物源。目前，它已用于对白蚁的防治中。

④ 报警信息素：一些昆虫（如蚜虫）在受到惊扰时，发出信号警告同伴。

4．其他习性

（1）群集性

同种昆虫的大量个体高密度地聚集在一起的习性。如：银杏大蚕蛾、斜纹夜蛾初龄幼虫阶段；榆蓝叶甲成虫越夏及瓢虫成虫越冬等。

（2）社会性

白蚁、蜜蜂等社会性昆虫，在群体内雌、雄性均有形态、习性不同的个体。如：同一巢穴的白蚁有蚁王、蚁后、有翅生殖蚁、补充生殖蚁、大工蚁、小工蚁、大兵蚁、小兵蚁等，分别承担繁殖，杂务及保卫功能。

(3) 拟态、保护色

昆虫模仿环境中其他动植物的形态、行为或具有与周围环境背景相似的颜色。这样可以保护自身，免受其他天敌的侵害。

第四节　昆虫分类

昆虫种类繁多，全世界估计有1000万种以上，我国估计有100万种。据不完全统计，我国林木害虫约有8000多种。面对如此繁多的昆虫种类，如何采用科学、简便的方法来正确鉴别其种类，并了解其相互间的亲缘关系及其在进化过程中的地位，这是昆虫分类的重要任务。昆虫分类是昆虫区系调查、害虫预测预报及防治和开发利用资源昆虫的基础。

一、分类单元

1. 昆虫分类的基本单元是：界、门、纲、目、科、属、种。

2. 次要单元包括：亚级（亚纲、亚目、亚科、亚属、亚种）；总级：（总目、总科）；在亚科和属间设"族"。

如：星天牛属于：动物界，节肢动物门，有气管亚门，昆虫纲，有翅亚纲、内翅部、鞘翅目、多食亚目、叶甲总科、天牛科、沟胫天牛亚科、星天牛属。学名：*Anoplophora chinensis* Förster。

二、昆虫的学名

昆虫的学名和其他动植物一样采用国际通用的"双名法"或"三名法"命名。

1. 双名法：昆虫的种名由属名+种名+定名人三部分组成。如：星天牛 *Anoplophora chinensis* (Förster) 定名人加括号，表示原定属名已被后人修订。

2．三名法：一般亚种名由属名+种名+亚种名+定名人4部分组成。如：星天牛胸斑亚种*Anoplophora chinensis* macularia（Thoms）

三、昆虫纲分目

1．昆虫纲分目依据的主要特征是：

（1）翅的有无、形状、对数及质地；

（2）口器构造；

（3）触角、足的类型；

（4）变态类型；

（5）腹部附肢（尾须等），身体分节等特征。

2．不同的昆虫分类学家，对昆虫分类各有不同的系统。

最早林奈（1758年）将昆虫纲分为7个目，之后许多昆虫学家又先后将昆虫纲分为17～40个目不等，但目前较普遍采用的是我国分类学家蔡邦华（1956年）的分类系统，分成34个目。

无翅亚纲中包括：原尾目、弹尾目、双尾目、缨尾目（4个目）。有翅亚纲中包括：外翅部的蜉蝣目、蜻蜓目、蜚蠊目、螳螂目、等翅目、缺翅目、翅目、竹节虫目、蛩蠊目、直翅目、纺足目、垂舌目、革翅目、同翅目、半翅目、啮虫目、食毛目、虱目、缨翅目（19个目）；内翅部的鞘翅目、鳞翅目、捻翅目、广翅目、脉翅目、蛇蛉目、毛翅目、长翅目、双翅目、蚤目、膜翅目（11个目）。

目前昆虫分类系统：昆虫隶属节肢动物门、六足总纲、昆虫纲。昆虫纲分2个亚纲、2部、10总目、30目。

3．危害海棠的害虫主要属于昆虫纲的等翅目（白蚁）、直翅目（蝼蛄）、半翅目（介壳虫）、鞘翅目（金龟子、天牛、象甲、吉丁虫）及鳞翅目（卷蛾科、螟蛾科、木蠹蛾科、袋蛾、刺蛾科、尺蛾科、舟蛾科、毒蛾科、斑蛾科、大蚕蛾科、夜蛾科等）。另外一类为蛛形纲的蜘蛛和螨类。

第五节　树木害虫的发生规律

一、昆虫的发生与环境的关系

昆虫在自然界生存必然与周围环境发生联系，相互影响。环境因子包括：

非生物因子 —— 气象因子（温度、湿度、降水、光、风等）；

土壤因子（结构、温度、含水量、理化性质等）；

生物因子 —— 食物因子（种类、发育阶段及状况）；

天敌因子（寄生性天敌、捕食性天敌、致病病原菌）；

其他生物因子（共生、共栖、竞争等）；

人为因子 —— 各种生产经营活动。

上述各种因子在生境内共同作用于昆虫种群，其相互关系是极为复杂的。在不同生境、不同时间或不同种群中，其作用是不完全相同的。有时是某一个或几个因子起主导作用，有时则是另一些因子起主导作用。在分析具体的种群时，要注意根据具体问题具体分析。

昆虫生态学就是以昆虫种群为主要对象，研究昆虫种群与其周围环境内各个因子的相互关系，从而揭示昆虫种群发展及其数量变动规律，帮助人们采取科学、合理措施，达到控制昆虫种群数量的目的。昆虫生态学是树木害虫预测预报和综合治理的理论基础。

二、非生物因子

一切非生物的环境因子，如气候、土壤……它们能极大影响昆虫种群数量变动，但一般不受昆虫数量变化的影响或影响甚小，这些因子又被称为"非密度制约因子"。各种非生物因子均综合作用于昆虫种群。

1．温度

昆虫属于变温动物，其体温与周围环境温度密切相关。环境温度的变化直接影响昆虫新陈代谢的速度，从而对昆虫的生长、发育、生殖、分布和行为起重要作用。

各种昆虫的生长发育，必须在一定的温度范围内才能正常进行，这一温度范围称为适温区（或有效温区）。适温区的下限，即最低有效温度，是昆虫开始正常生长发育的温度，这一温度称为发育起点，用"C"来表示，一般为8~12℃。根据温度对昆虫生长发育的影响可以划分成：致死高温区、亚致死高温区、适温区、亚致死低温区、致死低温区。

昆虫对温度变化的适应因种类、虫期、季节、变温速率及持续时间等而各异。一般广布性昆虫对温度变化适应能力较强，称为广温性昆虫（如小地老虎、大蓑蛾等）。有的小范围分布昆虫，则对环境温度变化适应能力相对较差，称为狭温性昆虫（如银杏小卷蛾）。昆虫高温致死的原因是体内水分过度蒸发失水和蛋白质凝固；而低温致死的原因是体内自由水结冰，细胞遭受破坏所致。

有效积温法则：每种昆虫完成一定的生长发育阶段，必须从外界吸收一定热量，所需热量的总积温是个常数。

$$K = (T - C) N$$

式中，K是有效积温常数（日度）；T是发育期平均温度；C是发育起点温度；N是发育天数。

该公式已广泛应用于测定昆虫发育起点温度和有效积温，预测某种昆虫在某一地区可能发生的世代数，预测害虫发生期，控制昆虫发育进度，预测昆虫在地理分布上的北限等方面。

2．湿度及降水

水是昆虫身体的基本组成部分和进行正常新陈代谢必不可少的介质，一般水分占昆虫体重的46%~92%。水也是昆虫变态等生命活动的必要条件，过高或过低的湿度都将影响昆虫变态。如蝗虫跳蝻从卵的孵化受湿度影响较大，通常相对湿度85%～95%时，卵的孵化率可达90%以上；当低于36%时，绝大部分卵不能孵化；当达到100%饱和时，卵虽能孵化，但大部分若虫死于卵囊中。

昆虫体内水分的来源是食物，直接饮水，体壁吸水和体内代谢水。同时，它可通过排泄，呼吸，体壁蒸发而散失水分。

树木害虫的发生往往与环境湿度、降水等密切相关。一般高温干旱，害虫新陈代谢旺盛，食叶害虫为获取水分而多食、暴食，导致害虫猖獗发生。降水可提高大气或土壤湿度而对昆虫生长发育、繁殖产生影响；同时大雨可直接冲走蚜、叶蝉等小型昆虫；但却有利于某些害虫随风雨，径流的传播；高湿环境有利于致病微生物的传播，流行……。

在自然界，温度和湿度是综合作用于昆虫的。为正确说明温湿度组合与昆虫的关系，生态学上常采用温湿系数来表示。

$Q=RH/T$ 或 $Q=M/T$

式中，Q是温湿系数，RH是相对湿度，T是平均温度，M是降水量。但要注意实际应用中，不同的温湿度组合，可以得出相同的温湿系数，但不同的组合对昆虫的作用或影响是不同的。若将各年各月份的温湿度组合转换成坐标图，即成"气候图"。它有助于分析某地引致某种害虫猖獗的主导气象因子，对害虫预测预报有重要意义。

3. 光

光的性质（波长）、强度及周期都直接影响昆虫的生长发育及行为。

（1）光的性质

它能影响昆虫的行为（趋光、背光性）。昆虫对400～330nm的紫外光有强烈的趋性，据此制作黑光灯（波长365nm）可大量诱导趋光性的成虫。很多昆虫对不同波长引致的不同色彩往往有不同的反应。据此，可采用色板诱虫，如黄板诱蚜、白板诱粉虱。

（2）光的强度

光强度的变化主要影响昆虫的昼夜活动节律、交尾产卵、取食、聚散行为等。根据昆虫昼夜活动习性可分为：①日出性昆虫：蜂、蝶类；②夜出性昆虫：大部分蛾类、部分甲虫；③黄昏活动昆虫：金龟子；④昼夜活动昆虫：步甲、蚂蚁、透翅蛾等。

（3）光的周期

指昼夜交替时间在一年中的周期变化。光周期与昆虫的滞育有着密切的关系。研究表明，引起昆虫滞育的主导因子是光周期的变化。引起昆虫种群50%左右个体进入滞育的光周期界限，称为临界光周期。不同种类的昆虫对光周期的反应不同，可分为：短日照滞育型、长日照滞育型、中间型和无光周期反应型。

4．风

风虽然对昆虫的生长发育无直接作用，但可极大影响环境温湿度，从而对昆虫的生长、发育及行为产生重要的间接作用。风对昆虫的重要作用主要是帮助一些不善飞行的小型昆虫及一些长距离迁徙昆虫的迁移扩散。蚜虫可借风力传14余千米，松干蚧卵囊、大蓑蛾初孵幼虫等均可在风力帮助下迁移、扩散。强风暴雨可致裸露活动昆虫死亡，可致局部小气候剧变及树木风折，林分受损，从而影响昆虫种群数量的变动。

5．土壤

土壤是地下害虫及许多昆虫重要的生活场所。如：蝼蛄、蟋蟀、地老虎、金龟子等，除成虫外，其余虫态均在土中生活。斜纹夜蛾、杨扇舟蛾等以幼虫在土中越冬及化蛹。所以土壤的理化性质（温度、湿度、机械组成、有机质含量、酸碱度等）均会直接影响土壤中昆虫的各项生命活动。

三、生物因子

（一）生物因子的特点

生物因子包括昆虫所在生境内的一切生物种群。昆虫之间及昆虫与其他生物间是通过食物链及各种信息而相互联系的，其主要特点是：

1．生物因子作用于昆虫种群的一部分，而非全部；

2．生物因子与昆虫种群间存在密度相关性，为"密度制约因子"；

3．各生物因子间的相互关系，不仅影响两个种群，而且将影响生物群落中的其他种群。因此在分析生物因子的影响时，要注意上述特点。

（二）生物因子中的主要因子

1．食物因子

食物是昆虫新陈代谢和赖以生存的主要营养来源，必然对昆虫的生长、发育、繁殖及种群数量变动产生重要的影响。

（1）昆虫对植物的选择性

表现在昆虫对不同性质食物的选择性（植食、肉食、腐食、粪食及杂食性）及取食范围（单食性、寡食性、多食性）。此外一般初孵或初龄幼虫喜食植物幼嫩部位；老龄幼虫则多食用高蛋白、高碳水化合物食物（老熟植物部位）。天牛、蜜蜂、蝶类等补充营养或恢复营养中对寄主植物或蜜源植物的选择等。

（2）植物对昆虫的抗性

在长期进化过程中，植物也逐渐产生了诸多对昆虫取食为害的抗性（抗虫性）。主要表现为：

① 不选择性：指昆虫不选择某种植物为食。原因多为植物缺少引诱昆虫产卵或取食的化学物质或物理性状；或植物具有拒避昆虫产卵或取食的化学物质或物理性状（如茎叶多刚毛）；或植物的发育期与昆虫的发育期不相匹配，导致昆虫无法在植物上产卵或取食。

② 抗生性：指植物组织无法满足昆虫营养需要或含有对昆虫有害的某种化学物质，可致取食昆虫生长发育不良，生殖力下降，甚至死亡。

③ 耐害性：指植物具有忍耐害虫一定程度危害的特性。如：阔叶

树具有较强的生长能力，足以补偿昆虫对其轻度危害；而针叶树则缺少这种生长补偿能力。

2．天敌因子

影响昆虫种群数量变动的天敌因子，主要有：天敌昆虫，病原微生物，有益动物三大类。

（1）天敌昆虫：包括捕食性和寄生性天敌昆虫两类。

捕食性天敌昆虫，如：螳螂、蚂蚁、步甲、瓢虫等；

寄生性天敌昆虫分内寄生性昆虫，如赤眼蜂、小茧蜂等；外寄生性昆虫，如黄蚜小蜂等。

（2）病原微生物：有真菌、细菌、病毒、立克氏体等。

（3）其他有益动物：食虫鸟类（啄木鸟、灰喜鹊等）、蝙蝠、蜥蜴、青蛙、蜘蛛等食虫动物。

四、人为因子

人类的各种生产经营活动有的可以直接作用于昆虫种群（如大面积的化学防治等），而有的则会改变树木的生长发育状态及林分的稳定性（如营造大面积单纯林易致某些害虫大发生等），从而间接影响昆虫种群数量的变动。

第六节　林木害虫的防治原理与方法

一、林木害虫的防治方针

在自然界，森林昆虫是森林生态系统的组成成分之一，在森林生态系统的形成、发展和演替过程中起着一定的、不可或缺的作用，并无益害之分。只是当人类经营管理森林，并赋予其环保生态、社会公益意义及经济利益时，森林昆虫才依人类意愿区分为害虫或益虫，才产生"林木害虫"的概念。为保护森林，获取最大的经济、社会效益，人类与森林害虫进行了长期的斗争，从初期的"彻底消灭策略"到近代出现的"害虫综合治理"策略，经过不懈努力，在对森林害虫的斗争中已取得了巨大的进步和成绩。

林木害虫综合治理：以林业技术措施为基础，充分利用森林生物群落间相互依存，相互制约的客观规律，建立稳定的森林生态系统，提高林分抗虫性。因地制宜地协调应用各种防治措施，以达到安全、经济、有效地控制害虫不成灾，林木健康生长的目的。

林木害虫综合治理方针包含以下基本概念：

（1）从生态学观点出发，建立最优化的森林生态系统，提高森林生态系统对害虫的自控能力；

（2）从经济学观点出发，全面考虑生态、社会、经济、效果等各因子，在综合研究林分动态、害虫种群动态、防治方法与策略、对资源价值的影响、成本与利润分析基础上，制定合理的防治策略与措施，不要求彻底消灭害虫，而着重于将害虫数量及危害程度控制在不造成明显损失的可以忍受的水平之下；

（3）环境保护的观点；

（4）综合协调的理念。各种防治方法均有其优缺点，必须协调运用，兴利去弊，扬长补短，以求达到最佳控制效果。

二、植物检疫

我国是外来有害生物入侵造成严重危害的国家之一。在世界自然保护联盟（IUCN）2001年发布的世界最危险的100个入侵物种中，我国就占有50种。2001～2003年国家环保总局、南京环境科学研究所组织开展了"全国外来入侵物种调查"，查明我国外来入侵物种共有283种，其中陆生或水生无脊椎动物（包括昆虫）有58种，占入侵物种总数的20.5%。自1949年后，我国先后有松材线虫、红脂大小蠹、美国白蛾、松突圆蚧、湿地松粉蚧、日本松干蚧、椰心叶甲、蔗扁蛾、扶桑绵粉蚧、枣实蝇等重要的有害生物，其中11种外来有害生物每年在我国的发生面积约130多万公顷。由此造成的经济损失达574亿元以上，同时给生态环境、生物多样性等造成极大的破坏。所以我国外来有害生物入侵的形势严峻，为此必须实施严格的植物检疫措施加以防范和治理。

植物检疫又称法规防治，即一个国家或地区用法律或法令形式，建立专门机构，禁止某些危险性病、虫、杂草人为地传入或传出，或对已发生及传入的危险性病、虫、杂草，采取有效的措施消灭或控制其扩散蔓延。

三、林木技术措施

1. 苗圃

针对当地发生的严重病虫害，培育和推广抗病虫品种；改善场圃卫生状况（及时中耕、除草）；改良土壤结构，加强田地肥水管理（如土壤黏重、水湿易生蝼蛄，有机肥不腐熟易生蛴螬）；苗木合理轮作；植物（包括田区绿化、防护林）科学配量、布局，以控制转主寄主危害的害虫等。

2. 造林、营林

适地适树、合理配置林木的组成，增强林分抗虫能力；营造混交林或改造大面积单纯林，预防某些害虫的大发生；科学合理修枝、间伐、复垦林地等，并注意避免各项生产经营活动对林木的损伤；及时清除风倒、风折或严重虫害木及枝叶，可有效预防一些蛀干害虫的发生。

3. 主伐利用

防止滥砍滥伐破坏林相；及时主伐利用成熟林或过熟林，可预防小蠹、天牛等蛀干害虫的发生；针对不同林分，采用合理的主伐方式，预防某些害虫发生；及时清理伐区剩余物，确保林地卫生。

林业技术措施均结合林业生产经营活动实施，简单易行，可改善、增强林分的抗虫能力，有时修剪虫枝、摘除虫果、砍除虫害木等可直接杀死害虫。但大面积林分改造等需事先周密规划，实施难度相对较大，见效较慢。

四、物理、机械防治措施

应用简单的工具或近代的声、光、电、微波、辐射等物理技术手段防治害虫，被统称为物理机械防治方法。

1．人工捕杀：直接应用人工或用简单的工具捕杀局部发生的害虫。

2．诱杀：利用害虫的趋性，将其诱集捕杀。诱杀又可分为以下几种：

（1）灯光诱杀

用星光灯可大量诱杀蝼蛄、金龟子、夜蛾等有趋光性的害虫。

（2）潜所诱杀

许多害虫往往喜欢一定的栖息环境，人工模拟类似的栖境，可诱杀这类害虫。如：地老虎、油葫芦等喜藏在新鲜树叶（泡桐等）及鲜草堆中；树干束草可诱杀下树越冬或越冬后上树的草履蚧、松毛虫等害虫。

（3）饵树、饵木诱杀

天牛、小蠹等有补充营养习性或要求一定产卵场所的害虫，可利用其喜欢食用的寄主树作为诱饵树或其喜欢产卵的寄主树作为饵木，诱集害虫后杀灭。

3．高温杀虫

高温浸种，高温干燥木材等都是杀灭种实害虫和木材害虫的有效方法。

4．其他

近代随着科学技术的发展，激光、超声波、电磁波等杀虫新方法正在不断被研究、应用。

五、生物防治法

即利用各种食虫动、植物防治害虫的方法，目前应用的主要有：

以虫治虫、以微生物治虫、以鸟治虫等。

1. 以虫治虫

以虫治虫就是利用天敌昆虫来消灭或抑制害虫。按取食方式，它包括寄生性天敌昆虫和捕食性天敌昆虫两大类。

（1）寄生性天敌昆虫

以寄主（害虫）为营养来源，并在寄主体内完成生长发育过程，最终导致寄主死亡。其中内寄生的如小蜂、茧蜂、姬蜂、赤眼蜂等寄生蜂、寄生蝇；外寄生的如黄蚜小蜂等。

（2）捕食性天敌昆虫

以直接杀死、捕食寄主方式获取营养，完成生长发育。如：瓢虫、胡蜂、蚂蚁、食虫椿象、步甲、食蚜蝇、草蛉等。另外，也包括一些捕食性螨类和蜘蛛。

通常采用保护当地原有天敌昆虫，引进人工繁殖、移放有效天敌昆虫防治害虫。这在国内已有许多成功实例，如以赤眼蜂防治各种鳞翅目等害虫卵；多种捕食性瓢虫防治吹绵蚧；寄蝇防治大袋蛾；管氏肿腿蜂防治天牛等。

2. 以微生物治虫

利用各种致病微生物：细菌、真菌、病毒、线虫、原生动物等，在一定条件下使害虫种群疾病流行，从而控制害虫种群数量，不造成严重危害。苏云金芽孢杆菌、日本金龟子芽孢杆菌、白僵菌、绿僵菌、核型多角体病毒、颗粒体病毒等均已广泛应用于各种害虫的防治，其中苏云金杆菌、白僵菌等均已大规模工业化生产，有多种商品制剂供售。

3. 以鸟治虫

鸟类是许多害虫重要的天敌之一。如灰喜鹊对大蓑蛾的捕食率为52.2%～62.4%，最高达83.6%。目前主要通过保护鸟类，人工挂鸟箱招引益鸟及人工驯化等方法开展以鸟治虫工作。

生物防治方法，一般对人类无毒，不污染环境，不杀伤其他天敌，害虫不易产生抗性，大多天敌有自然扩散能力，是今后安全、有效防治树木害虫的发展方向之一。但需要注意投放在环境中的天敌生物与环境中的其他生物间的多种复杂关系。

六、化学防治法

化学防治就是利用天然或人工合成的有毒物质（统称农药）来毒杀害虫或抑制其活动及繁殖能力的一种防治方法。化学防治是控制害虫发生的一种重要手段，特别在害虫猖獗发生时，能快速有效地杀灭害虫，达到控制其发展、蔓延及严重为害，保护树木健康生长的目的。

1. 农药的分类

根据防治对象不同，农药可区分为：杀虫剂、杀菌剂、杀螨剂、杀鼠剂、除草剂等。

杀虫剂按杀虫范围的宽窄，又可分为广谱性杀虫剂（可杀不同目的多种昆虫，甚至其他无脊椎动物）和选择性农药（仅杀少数同目或同科昆虫，对其他昆虫无效，如灭蚜松仅杀蚜虫）。

按杀虫剂对昆虫的毒性作用及其侵入虫体途径不同，杀虫剂可区分为以下几类。

（1）胃毒剂：杀虫剂必须被害虫取食后，通过消化系统进入血腔，才能致害虫中度死亡。如：砷酸铅等矿物杀虫剂、敌百虫等有机杀虫剂。

（2）触杀剂：杀虫剂只需接触害虫体表，通过害虫体壁渗入体内，使害虫中毒死亡，如：敌敌畏等有机磷、拟除虫菊酯类杀虫剂。

（3）内吸剂：杀虫剂易被树木根、茎、叶吸收，在树木体内输导、留存或形成有毒代谢物，害虫在取食树木组织或汁液时导致中毒、死亡，如灭蚜松、氧化乐果等。

（4）熏蒸剂：杀虫剂极易挥发，以气态分子装填充斥空间，通过昆虫呼吸系统共进入体内，使害虫中毒、死亡。

（5）烟雾剂：杀虫剂在高温下气化，形成有毒气雾及高浓度CO_2。有毒气雾通过呼吸系统进入体内，使害虫中毒死亡；高浓度CO_2干扰害虫气体交换进程，致害虫窒息死亡。

（6）昆虫生长调节剂：为内激素类药剂，在一定剂量作用下，可导致害虫不能正常蜕皮、变态（仅蛹、羽化），成为畸形个体，甚至死亡。

（7）性引诱剂：为外激素类药剂，大多由雌性个体释放。人工合成各种害虫性信息素，可有效诱杀异性，用于预测预报或控制害虫种群密度。

（8）拒食剂、忌避剂、粘捕剂：这些农药本身对昆虫无重大毒性，但其化学组分可有效改变昆虫行为，从而起到杀虫作用。

2．农药的剂型

为了适于在不同场合或不同的使用方法，各种农药常加工成不同的剂型，主要的有：粉剂、可湿性粉剂、乳油、乳膏、糊剂、水剂、油剂、片剂、烟剂、颗粒剂、气雾剂、缓释剂等。

3．农药的一般使用方法

为有效防治害虫，大多数农药都要求能均匀地撒布到植物表面，以增加害虫接触农药的机会。为此常借助手工撒布、人工喷洒或车载喷药装置及飞机喷洒。少数农药如油剂、片剂、烟剂、颗粒剂、气雾剂等则需采用特殊的工具或方法施用。常用的使用方法有以下几种。

（1）喷粉

散布粉剂的常用方法，主要借助喷粉机械实现。

（2）喷雾

一般水溶性农药（可湿性粉剂、乳油、乳膏、糊剂、水剂等）均适用喷雾方法，常借助人工、车载或飞机喷雾器械完成。要求雾点大小合理、均匀，能在植物表面最大面积覆盖，又不形成水滴。

（3）超低容量喷雾

是喷洒农药的一种新技术。喷雾时形成50～100μm的微小雾点，使农药更均匀地覆盖植物或虫体表面，而且用药量小，操作方便、工效高，可减少对环境的污染。

（4）施放杀虫烟剂

施放杀虫烟剂用药量少，操作方便，作用迅速，杀虫范围广，对环境污染小。它特别适用于交通不便，林相复杂的山地林分。但要注意傍晚或清晨是施放烟剂的最佳时间，并要掌握风力、风向等小气候因子的影响，根据地形、地势、林分特点等合理配置放烟点。

（5）喷施烟雾剂

杀虫烟雾剂的一种改进的施药方法。杀虫烟雾剂在高温及动力作用下形成有毒烟雾气流喷出，施药时机动性强、效率高，油性烟雾附着性能好、残效期长。

（6）航空化学防治

喷粉或喷雾均可，特别在大面积害虫猖獗发生，地面防治难以控制害虫危害时，可迅速压制虫口密度，降低损失。但要做好周密的作业规划，协调机组、信号、地面及飞行安全，农药配制及供应，药效检查等各项工作。

（7）涂干或树干注药

采用内吸性杀虫剂（如氧化乐果）涂干或在树干上以人工或打孔机将农药注入树体，主要毒杀蚜、蚧等刺吸口器害虫，也可杀死部分在幼嫩芽、叶部位为害的咀嚼式口器害虫。

（8）撒毒土法

将农药粉剂与细土、细砂等均匀混合后，结合翻耕施入土内，防治多种地下害虫。或开沟施用颗粒剂，经根部吸收后输导至全株杀虫。

（9）诱捕法

将性诱剂置入诱捕器（内有粘虫胶），诱杀异性成虫。或将农药喷施害虫喜食寄主植物上或与喜食液体食物混合，毒杀取食的害虫。

4．化学防治的优缺点及正确使用方法

（1）优点

① 高效率：便于大面积机械化作业；

② 快速杀灭害虫：迅速控制害虫的大发生；

③ 方法简便，防治成本低；

④ 杀虫范围广，通用性强。

（2）缺点

① 长期、单一使用农药，害虫会产生抗药性，形成再增猖獗；

② 杀死害虫同时，也杀死大量天敌，导致次要害虫上升为主要害虫；

③ 使用不当，易引起环境污染及人畜中毒。

（3）合理使用农药

① 根据农药性能、害虫种类及其生物学特性和发生规律选用高效低毒的农药品种。

② 选择最有利的防治时机（如食叶害虫幼龄期，蚧虫初孵若虫期；天牛成虫补充营养或产卵阶段）。

③ 掌握农药的合理使用浓度、药量，防止盲目用药，研究确定好害虫的防治指标。

④ 注意农药性质及对各种植物影响，高温、干旱天气施药易产生药害。

⑤ 改进农药剂型及使用方法：一般缓释剂、超低容量喷雾等不易产生药害，农药可合理复配或混用。

⑥ 加强防护，防止人畜中毒及对环境的污染。

第四章
海棠虫害

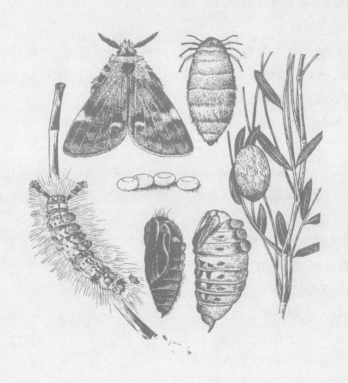

第一节　食叶害虫

一、苹掌舟蛾 *Phalera flavescens* Bremer et Grey

1．分类

该虫属于鳞翅目舟蛾科。

2．危害树种

除海棠外，还有苹果、梨、樱花、桃树、李树、杏树、樱桃、梅、枇杷、板栗、柳树、榆树等。幼虫取食叶片，啃食叶肉成网状，严重发生时，全叶食光，仅存叶柄（图10-4）。

3．形态特点

（1）成虫

体长25mm，翅展50mm。前翅略带黄色，基部有一个灰色圆斑，近外缘有一行灰色圆斑。后翅淡黄色，外缘杂带着深褐色斑点（图10-1）。

（2）幼虫

幼龄幼虫紫红色，静止，头尾上翘呈舟形。老熟幼虫头部黑色，胴部背面紫褐色，腹面紫红色，体毛白色（图10-2、图10-3）。

4．生物学特性

1年1代，以蛹在干基部周围的土层内越冬。次年7～8月间，为羽化盛期。8月中旬至9月为幼虫期，幼虫5龄。成虫昼伏夜出，夜间取食。幼虫受惊后，会吐丝下垂，转移至邻近树上危害。老熟幼虫下树后，入土化蛹。

5．防治方法

（1）冬春清园，翻耕土壤，使蛹裸露死亡。

（2）在3龄幼虫期，根据它们群集，吐丝下垂的习性，可敲打枝叶，收集落下的幼虫，烧毁。

（3）幼虫期可喷青虫菌800倍液，进行生物防治。

（4）7～8月间，在低龄幼虫期，可喷98%敌百虫1500倍液，杀灭幼虫。

二、灰斑古毒蛾 *Orgyia ericae* Geamar

1．分类

该虫属于鳞翅目毒蛾科。

2．危害树种

除危害海棠外，还危害蔷薇、月季、玫瑰、杜鹃、杨树、柳树、松树等树种。严重时，可将叶片取食残缺或完全食光（图11-9）。

3．形态特点

（1）雌虫

体长12mm左右，呈卵形，腹部肥大，翅退化，具有翅芽，体被有淡黄色绒毛。

（2）雄虫

体长7～10mm，体深褐色。前翅红褐色，前缘近中央处有一个似三角形的紫灰色斑，后缘近臀角部位有一个弯月形的白色斑。

（3）幼虫

体长18～27mm。体节第一节两侧各有一个伸向前方的黑色毛束，在第11节背部有一个伸向后方的毛束。体侧有数列肉瘤，瘤上生有细毛（图11-4、图11-8）。

4．生物学特性

该虫以卵越冬（图11-3），越冬部位为枝杈或建筑物的茧上（图11-7）。北方1年2代。5～6月间，越冬卵孵化，小幼虫多群集在卵壳上，几天后分散，并且有吐丝下垂飘移的习性，老幼虫受惊后，会卷曲落地。幼虫白天栖息在叶背、叶柄或小枝条上，晚上或夜间取食。

5．防治方法

（1）冬春摘除虫茧（茧卵圆形，长9～15mm）。

（2）在低龄幼虫期，可喷洒20%除虫脲悬浮剂5000～8000倍或50%

辛硫磷乳油1200～1500倍液。

三、银纹夜蛾 *Ctenoplusia aganata* (Staudinger)

1．分类

访虫属鳞翅目夜蛾科。

2．危害树种

除海棠外，还危害国槐、香石竹、一串红、大丽花、菊花等。使叶片成孔洞状。

3．形态特点

（1）成虫

体长15～17mm，灰褐色。前翅有"S"形白色线纹，向外还有1个三角形的白纹。胸部背面两丛红褐色鳞毛（图12-1）。

（2）幼虫

体长25～32mm，绿色，前端细，后端宽。背线白色，双线。气门黄色。腹足第1～2对退化（图12-2）。

4．生物学特性

1年发生代数，因地而异，南方1年4～6代，以蛹越冬。5～12月份，可见各虫态，世代重叠。

成虫夜晚活动，有强烈趋光性。

5．防治方法

（1）灯光诱杀成虫。

（2）幼虫期可喷50%杀螟松或马拉硫磷1500倍液，有较好的防治效果。

四、枣桃六点天蛾 *Marumba gaschkewitschi* Bremer et Grey

1．分类

该虫属鳞翅目天蛾科。

2．危害树种

除海棠外，还有桃树、梅花、樱花、枣树、梨树、杏树、枇杷等树种。幼虫取食叶片，呈缺刻、孔洞状、严重时，将叶片食光，残留主脉，叶柄。

3. 形态特点

（1）成虫

体长35～45mm，为大型蛾类。体黄褐色至紫灰色。前翅上有几条褐色横带，后缘臀角处有深紫色斑纹（图13-2）。

（2）幼虫

黄绿色，体长80mm。腹部第1～8节侧面有淡黄色斜线7对，尾角较长（图13-1）。

4. 生物学特性

该虫1年2代，以蛹在土中越冬。成虫于5月间出现，傍晚、夜间活动，有趋光性，多在枝、干树皮裂缝处产卵。幼虫于5月下旬出现，6月危害，7月下旬起，第2代幼虫出现、危害，并进入危害盛期。

5. 防治方法

（1）冬春耕翻土壤，消灭越冬期的虫源。

（2）幼虫期，可喷洒90%敌百虫1000倍液。

五、棉褐带卷蛾 *Adoxophyes orana* Fisdier Von Röslerstamm

1. 分类

该虫属鳞翅目卷蛾科，又称苹小卷叶蛾。

2. 危害树种

除海棠外，还有山茶、牡丹、蔷薇、樱桃、桃树、杏树、杨树、柳树、鼠李、栎树、榆树、椴树、花楸等树种。

该虫取食芽、嫩叶与花蕾。危害叶片时，常吐丝缀叶或将叶纵卷，在其内取食。除取食叶片外，还能危害果实，产生伤疤（图14-3）。

3. 形态特点

（1）成虫

体长8～11mm。前翅缘略呈弧形，外缘较直，顶角不明显。雄蛾翅面具网状细纹（图14-1）。

（2）幼虫

体长18～22mm，绿色，头近似方形，前胸背板后缘两侧各有1个黑斑（图14-2）。

4．生物学特性

1年2～3代，以幼虫在树皮裂缝中越冬。春季发叶时，越冬幼虫开始危害，随后老熟幼虫在卷叶内化蛹，6～7月间出现成虫。成虫有趋化性，夜间活动。初孵幼虫群集危害，以后分散活动，若遇惊动，则会吐丝下垂。

5．防治方法

（1）冬春，可剪除卷叶烧毁。

（2）幼虫越冬前，在树干上绑草，诱杀幼虫。

（3）幼虫危害期，喷洒50%辛硫磷乳油1000倍液或90%敌百虫1000倍液。

六、棉大卷叶螟 *Haritalodes derogata* Fabricius

1．分类

该虫属鳞翅目草螟科，又称棉褐环野螟。

2．危害树种

除海棠外，还有悬铃木、蜀葵、木槿、栀子花、杨树、女贞等。

1～2龄幼虫群集叶背，取食下表皮与叶肉组织，4龄幼虫分散危害，吐丝卷叶。除叶片外，还危害花蕾（图15-3）。

3．形态特点

（1）成虫

体长10～14mm，淡黄色，胸背后有4排12个深褐色小点。前后翅上有褐色波状纹。前翅中央在靠近前缘处，具有似"OR"形的褐色斑纹（图15-1）。

（2）幼虫

体长25mm，青绿色，老熟时，呈桃红色（图15-2）。

4. 生物学特性

发生世代因地有异，北方为1年3代，南方1年达5～6代。该虫以老熟幼虫在地上的枯叶或树皮裂缝中越冬。

成虫于4～5月间出现，6～7月为该虫危害盛期。成虫夜晚活动，趋光性强。

5. 防治方法

（1）冬春清除落叶，消灭越冬虫蛹。另外，在虫害发生期，也可摘除卷叶，消灭幼虫与蛹。

（2）在幼龄幼虫出现期，利用它们群集取食的特点，喷洒药剂防治。有效药剂如50%杀螟松1000倍液等。

七、梨叶斑蛾 *Illiberis pruni* Dyar

1. 分类

该虫属于鳞翅目斑蛾科。

2. 危害树种

除海棠外，还有梨、苹果、花红、山荆子等。该虫危害芽、嫩叶、花蕾。在花谢后，幼虫以丝将叶片连成饺子状以后，受害叶脱落。

3. 形态特征

（1）成虫

体长9～12mm，深褐色。翅半透明，翅脉清晰，翅缘黑色。雄蛾触角短羽毛状，雌蛾为锯齿状（图16-1、图16-2）。

（2）幼虫

体长约20mm，淡黄色。头部小、黑色，缩于前胸内。虫体呈纺锤形，背线深褐色，两侧各有1列10个近圆形的黑斑（图16-3、图16-4）。

4. 生物学特性

1年1~2代，以幼虫越冬。越冬场所为树皮裂缝或干基周围土下结茧处。春季，待树木发芽开始危害。在整个生活史中，幼虫期最长，可达330d左右。

5．防治方法

（1）早春，可刮除老树皮，集中烧毁。对定植的幼树，可在树干基部进行压土，消灭越冬幼虫。

（2）幼虫危害期，可喷洒化学药剂90%敌百虫1000倍液。

（3）人工及时摘除被害叶及虫苞，也可减少虫源。

八、绿尾大蚕蛾 *Actias selene ningpoana* Feider

1．分类

该虫属鳞翅目大蚕蛾科。

2．危害树种

除海棠外，还有苹果、梨树、喜树、樟树、枫杨、柳树、枫香、乌桕、核桃、榆树等。

幼龄幼虫群集在一起，取食叶片，3龄后，分散危害。

3．形态特征

（1）成虫

体长30~40mm，有白色绒毛。翅粉绿色，前翅前缘紫褐色，中央有眼状斑纹。后翅尾状突出，长40mm（图17-1）。

（2）幼虫

体长80~100mm，黄绿色。体节上有瘤状突起，其中以中、后胸及第8腹节背上的瘤为最大（图17-2、图17-3）。

4．生物学特性

1年发生1~3代，以蛹越冬。成虫于4~5月间出现，有趋光性。老熟幼虫在干基部或其他附着物上结茧化蛹。

5．防治方法

（1）人工捕捉幼虫，可减少虫口量。

（2）幼虫期进行化学防治，可喷洒50%马拉硫磷乳油1000倍液。

（3）释放赤眼蜂，75万头/hm²，进行生物防治。

九、天幕毛虫 *Malacosoma neustria* Linnaeus

1．分类

该虫属鳞翅目枯叶蛾科。

2．危害树种

除海棠外，还有梅花、桃树、李树、杏树、梨树、樱桃、核桃、杨树、柳树、栎树等。

危害芽、嫩叶及成叶。幼虫危害时，结网张幕，群集其上，老熟时，分散危害。

3．形态特点

（1）成虫

雄蛾全体黄褐色，前翅中央有2条褐色横线，前后翅缘均为褐色与灰白色相间。雌蛾体与翅呈褐色，后翅为淡褐色（图18-1、图18-2）。

（2）幼虫

体长55mm，头部灰蓝色。体侧有蓝灰色、黄色或深褐色带，体背有白色线带，各节均具褐色长毛（图18-3）。

4．生物学特性

1年发生1代，以幼虫在卵壳中越冬。春季树木发芽时，幼虫开始危害，5月化蛹，6月羽化。幼虫具有假死性。随幼虫虫龄增加，天幕的范围也逐渐扩大。

5．防治方法

（1）冬春季节，可以剪除在枝梢上越冬的卵环。

（2）若虫口量较大，幼虫期可喷洒50%的辛硫磷、敌百虫或杀螟松等药液，以减少虫口数量。

十、大袋蛾 *Clania variegata* Snellen

1．分类

该虫属鳞翅目袋蛾科。

2．危害树种

除海棠外，还有山茶、栀子花、悬铃木、侧柏、杜鹃、桂花、水杉、广玉兰、月季、蔷薇等。

幼虫在结成的护囊中生活，取食叶片、嫩树皮，越冬前，固定护囊。危害树木情形见图19-4。

3．形态特点

（1）成虫

雌成虫体长22～27mm，白色，肥胖、体透明、翅退化。雄成虫体长15～20mm，深褐色。前翅近外缘有4～5个透明斑（图19-1）。护囊为纺锤形（图19-2）。

（2）幼虫

体长35mm，深褐色。从3龄起，雌雄性分化，形态各异，雌幼虫头部深棕色（图19-3）。

4．生物学特性

1年发生1代，以老熟幼虫在护囊中越冬。幼虫在护囊中，出囊取食叶片，可吐丝下垂，进行转移。

5．防治方法

（1）摘除护囊，减少虫口量。

（2）在2龄幼虫期，喷洒50%马拉松乳剂1000倍液。傍晚喷药，效果更好。

6．茶袋蛾

危害海棠的除大袋蛾外，还有与其相近的茶袋蛾*Clania minuscula* Butlea（图20-1～20-3）。它的护囊为橄榄形，且护囊外的枝条碎片、短的枝梗呈整齐的纵行平行排列（前者护囊外的叶碎片与枝梗不呈纵行平行排列）。另外，茶袋蛾的幼虫体长为10～26mm，明显较大袋蛾小，在形态上，两者易于区别。防治方法，两者相同。

十一、桑褶翅尺蛾 *Apochima excavata* Dyar

1. 分类

该虫属鳞翅目尺蛾科。

2. 危害树种

除海棠外，还有梨树、元宝枫、栾树、核桃、白蜡、刺槐等树种。严重发生时，它可将叶片完全食光。

3. 形态特点

（1）成虫

雌成虫体长18mm，灰褐色，翅银灰色，前翅有3条褐色横带。该虫停息时，前翅折叠，向后翘起来，故又称褶翅尺蛾。雄成虫体长约15mm，灰棕色（图21－1）。

（2）幼虫

体长约27mm，绿色，幼龄时，为酱色。幼虫背上有3根绿色刺（图21－2）。

4. 生物学特性

1年发生1代，以茧内蛹在土下树干的树皮上越冬（图21－3）。春季为成虫羽化期，产卵于枝条上。当刺槐发芽时，幼虫取食叶肉，以后蚕食整个叶片。白天，幼虫停息在叶柄或小枝上，并将头部卷曲在腹部，呈"?"形。5月，幼虫下地化蛹。

5. 防治方法

（1）在蛹期，可在树干基部周围土下或树皮上，搜集茧蛹，集中处理。

（2）幼虫期，喷洒50%辛硫磷乳油2000倍液或20%菊杀乳油2000倍液，有良好效果。

十二、刺蛾类

刺蛾类害虫属鳞翅目刺蛾科。常见的刺蛾，如黄刺蛾、两色绿刺蛾、黄缘绿刺蛾、丽绿刺蛾、迹斑绿刺蛾、中国绿刺蛾、褐刺蛾、扁刺蛾等8个种。其中，危害海棠的刺蛾共5个种。

（一）黄刺蛾　*Monema flavescens* Walker

1. 危害树种

除海棠外，还有杨树、柳树、榆树、重阳木、刺槐、悬铃木、三角枫、紫荆、大叶黄杨、桂花、茶花、樱花、石榴、梅花、月季、紫薇等树种。

2. 形态特点

（1）成虫

体长16mm，黄色。前翅上有2条深褐色斜线，并在翅尖上汇合成"V"字形。后翅褐色（图22-1）。

（2）幼虫

体长19～25mm，头小，胸腹肥大，黄绿色。背面有一个淡褐色的斑，前后宽，中间细（图22-2）。

（3）茧

灰白色，质地坚硬，表面光滑（图22-3）。

3. 生物学特性

1年发生2代，以老熟幼虫结茧越冬。5～6月间成虫羽化，产卵于叶背。老熟幼虫在主干、树杈等处结茧化蛹，以主干基部0.5～1m部位为最多。

（二）褐边绿刺蛾　*Parasa consocia* Walker

1. 危害树种

除海棠外，还有樱花、月季、梅花、桃树、梨树、苹果、柿树、杨树、柳树、刺槐、榆树、白蜡、乌桕、悬铃木、喜树、核桃、紫荆等树种（图23-4）。

2．形态特点

（1）成虫

头、胸背部与前翅绿色，胸部背中有1条淡褐色线。前翅基部有褐色斑纹，前缘边褐色。后翅及腹部为黄色（图23-1、图23-2）。

（2）幼虫

体长24～27mm，黄绿色。前胸背部有2个小黑点，背线蓝色，两侧有斑块（图23-3）。

（3）茧

近圆筒状，棕褐色，质地坚硬。

3．生物学特性

长江以南地区，1年发生2～3代，以老熟幼虫在浅土层下结茧越冬。4～5月化蛹，6月为羽化盛期，6～7月幼虫陆续出现，8～9月第2代幼虫出现。成虫白天潜伏，夜间活动，有趋光性。

（三）丽绿刺蛾 *Latoia lepida* Cramer

1．危害树种

除海棠外，还有樱桃、石榴、茶树、月季、梅花、紫荆、刺槐、枫香、杨树、香樟、悬铃木、珊瑚树等树种。

2．形态特点

（1）成虫

雌虫体长10～11mm，雄虫体长8～9mm。前翅翠绿色，前缘基部有1个深褐色尖刀形斑纹，外缘带灰褐色，带的弧形内缘呈紫红色。后翅内半部为米黄色，外半部黄灰褐色，臀角颜色较深（图24-1）。

（2）幼虫

体长15～30mm，头褐色，体翠绿色。背中央有3条蓝紫与深褐色的线带，前胸背板黑色，中胸及腹部第8节有蓝斑1对，后胸及腹部第1节、第7节有蓝斑4个（图24-2）。

（3）茧

扁椭圆形，黄棕色，长14～17mm。

3．生物学特性

1年发生2代，以老熟幼虫在树干上结茧越冬，6～9月羽化。第1代幼虫于6月出现，第2代幼虫于7月下旬后出现。初孵幼虫群集叶背，5龄后分散危害。

（四）桑褐刺蛾 *Setora postornata* Hampson

1．危害树种

除海棠外，还有紫薇、腊梅、月季、山茶、樱花、桂花、重阳木、悬铃木、珊瑚树、香樟、乌桕、臭椿、杨树、柳树等。

2．形态特点

（1）成虫

雌虫体长17.5～19.5mm，灰褐色。前翅中线与外线深褐色，有绢丝光泽，在臀角处有梯形斑。雄虫体长17～18mm，颜色较前者深（图25-1）。

（2）幼虫

体长23～25mm，黄绿色，背线天蓝色，每节有黑点4个（图25－3）。

（3）茧

灰褐色，长15mm。

3．生物学特性

每年发生2代：第1代幼虫出现为5月下旬到6月中旬；第2代出现于7月下旬至8月中旬，以老熟幼虫结茧越冬。越冬部位多为根际周围表土层下。

成虫于黄昏后活动，具有趋光性，晚间7～9时，扑灯最盛。

（五）扁刺蛾 *Thosea Sinensis* Walker

1．危害树种

除海棠外，还有山茶、栀子花、月季、梅花、桂花、广玉兰、柑橘、国槐、紫薇、榆树、柳树、樟树、悬铃木、大叶黄杨、杨树、枫杨等树种。

2．形态特点

（1）成虫

雌虫体长13～18mm，褐色。前翅暗灰褐色。雄虫体长约10mm，后翅灰褐色。前胸足各连接关节具有1个白斑（图26-1）。

（2）幼虫

体长21～24mm，较扁平，背部稍稍隆起，全体绿色至黄绿色。背线为白色，体边缘两侧各有10个疣状突起（图26-2）。

（3）茧

出现在附近浅土层内，淡褐色。

3．生物学特性

1年发生2代，以老熟幼虫入土内结茧越冬。成虫羽化时间为晚上18：00～20：00，夜晚活动，具有较强的趋光性，晚间21：00～次日凌晨1：00扑灯最盛。成虫多在叶背产卵。

刺蛾类防治方法

1．人工防治

（1）处理幼虫

多种刺蛾如丽绿刺蛾、漫绿刺蛾、纵带球须刺蛾等的幼龄幼虫多群集取食，被害叶显现白色或半透明斑块等，较易发现。此时，斑块附近常栖有大量幼虫，及时摘除带虫枝、叶，加以处理效果明显。不少刺蛾的老熟幼虫常沿树干下行至干基或地面结茧，可采取树干绑草等方法及时予以清除。

（2）清除越冬虫茧

刺蛾越冬代茧期长达7个月以上，此时农、林作业较空闲，可根据不同刺蛾虫种越冬场所之异同采用敲、挖、剪除等方法清除虫茧（虫茧可集中用纱网紧扣，使害虫天敌羽化外出。为免受茧上毒毛之害，可将茧埋在30cm深土坑内，踩实埋死）。

2．灯光诱杀

大部分刺蛾成虫具较强的趋光性，可在成虫羽化期于当日的

19～21时用灯光诱杀。

3．化学防治

刺蛾幼龄幼虫对药剂敏感，一般触杀剂均可奏效。例如，90%敌百虫晶体8000倍液对纵带球须刺蛾，1500倍液对黄刺蛾，1000倍液对窃达刺蛾、黑眉刺蛾、白痣姹刺蛾有效；50%马拉硫磷乳油2000倍液对球须纵带刺蛾及黑眉刺蛾；2.5%溴氰菊酯乳油4000倍液对褐边绿刺蛾，5000倍液对黑眉刺蛾有效；20%氰戊菊酯3000倍液对黑眉刺蛾有效。此外，也可用50%杀螟松乳油、50%辛硫磷乳油、50%对硫磷乳油、25%亚胺硫磷乳油1500～2000倍液、2.5%敌百虫粉剂及3%西维因粉剂等药剂进行防治。

4．生物防治

刺蛾的寄生性天敌较多，例如已发现黄刺蛾的寄生性天敌昆虫有刺蛾紫姬蜂、刺蛾广肩小蜂、上海青蜂、爪哇刺蛾姬蜂、健壮刺蛾寄生蝇和一种绒茧蜂；纵带球须刺蛾，丽绿刺蛾，黄缘绿刺蛾卵的天敌有赤眼蜂 *Trichogramma* sp.；刺蛾幼虫的天敌微生物有白僵菌、青虫菌、核型多角体病毒等，均应注意保护利用。在天敌利用上，例如以 $2.3 \times 105 \sim 2.3 \times 107$ 个/ml浓度的纵带球须刺蛾核型多角体病毒，防治该虫，效果达100%；若将患此病幼虫引入非发病区，可使非发病区幼虫发病在90%以上；将感病幼虫粉碎，于水中浸泡24h、离心10min，以粗提液20亿PIB/ml的黄刺蛾核型多角体病毒稀释1000倍液喷杀3～4龄幼虫，效果达76.8%～98%。上海青蜂是黄刺蛾常见天敌，江苏清江市苗圃，应用刺蛾茧保护器将采下的虫茧放入其中，使羽化后青蜂飞出。如此，可使刺蛾的被寄生率第一年达26%，第二年达64%，第三年可达96%。

十三、大灰象甲 *Sympiezomias velatus* Chevrolet

1．分类

该虫属鞘翅目象甲科。

2．危害树种

除海棠外，还有杨树、柳树、国槐、刺槐、桃树等。该虫对花卉的扦插、分株无性繁殖苗的芽、叶进行危害，取食幼芽、嫩叶、影响较大。

3．形态特点

（1）成虫

体长8～12mm，卵圆形，灰黄色至灰黑色。鞘翅上有黑色斑纹（图27－1、图27－2）。

（2）幼虫

体长约14mm，乳白色，无足，弯曲。

4．生物学特性

北方地区，1年发生1代，成虫在土内越冬。4月间，出土危害，一般，白天潜伏在土下或土缝隙内，傍晚出来活动，危害芽、叶。幼虫出现后，入土中生活，化蛹、羽化成为成虫越冬。

5．防治方法

（1）在幼虫期，可结合整地，施5%辛硫磷颗粒剂，用量为8g/m²，施药后，以土覆盖。

（2）成虫期，若虫口量较高，可撒施5%西维因粉剂，杀死成虫。

十四、金龟子类

金龟子属鞘翅目昆虫。据报道，危害园林植物的金龟子有下列3个科：花金龟科中的白星花金龟、小青花金龟、黄斑短突花金龟；丽金龟科中的如铜绿丽金龟、斑点喙丽金龟、大绿丽金龟、苹毛金龟、曲带弧丽金龟；鳃金龟科中的如暗黑金龟子、黑绒金龟子、赤绒鳃金龟等。在上述害虫中，危害海棠的有下列3个种：

（一）白星花金龟 *Parotaetia brevitasis* Lewis

1．危害树种

除海棠外，还有月季、梅花、木槿、苹果、桃树、李树、梨树、杏树、樱花、小叶女贞、榆树、麻栎、杨树、国槐、柑橘等树种。该虫取食叶片、芽，也蛀食果实，致果实腐烂、脱落（图28-2）。

2．形态特点

（1）成虫

体长18~24mm，全体椭圆形、扁平，黑紫铜色，有光泽。头部方形，前胸背板梯形，小盾片近三角形。前胸背板与翅鞘上，分布着不规则的白色斑纹，并有小刻点列（图28-1）。

（2）幼虫

体长24~39mm。全体肥胖，且多皱纹，弯曲呈"C"字形。头褐色，胴部乳白色，腹部末节膨大。

3．生物学特性

1年发生1代，以幼虫入土中越冬，在土室中化蛹。成虫常群集在果实、树干的烂皮部吸取汁液，对糖醋液有趋化性。幼虫专食腐殖质，不危害树木的根部。

（二）铜绿丽金龟 *Anomala corpulenta* Motschulsky

1．危害树种

除海棠外，还有山楂、梅花、桃树、月季、樱花、蔷薇、杏树、茶花、梨树、苹果、茶树、油茶、杨树、柳树、女贞、槭树、刺槐、夹竹桃、桉树、扶桑、榔榆等树种。成虫取食叶片，严重时，仅残留叶柄。

2．形态特点

（1）成虫

体长15~19mm，铜绿色，有光泽。额部与前胸背板两侧为黄色。鞘翅铜绿色，其上有3条不明显的隆起线。足黄褐色，其胫节和跗节为红褐色（图29）。

（2）幼虫

体长40mm，头部黄褐色，胴部乳白色，腹部末节的腹面除钩状毛外，还有排成2个纵裂的刺状毛。

3．生物学特性

1年发生1代，10月份以幼虫在土中越冬，次年5月化蛹，6~7月成虫出土危害。成虫晚间活动，白天潜伏在土中，并具有趋光性和假死性。幼虫取食树木的根部，10月初停止活动，开始越冬。

（三）苹毛丽金龟 *Proagopertha lucidula* Faldermann

1. 危害树种

除海棠外，还有苹果，梨树、桃树、李树、杏树、核桃、板栗、葡萄、杨树、柳树、榆树等树种。成虫取食花蕾、花朵及嫩叶；幼虫危害树木根部。

2. 形态特点

（1）成虫

体长10mm，除鞘翅与小盾片光滑外，全体密被黄白色绒毛。头与胸的背面紫褐色。鞘翅茶褐色，有光泽，其上有纵列的小刻点。后翅折叠成"V"字形。腹部两侧生有白色毛丛，末端露出鞘翅外（图30）。

（2）幼虫

体长15mm，头部黄褐色，胸、腹部乳白毛，无臀板。

3. 生物学特性

1年发生1代，以成虫在较深的土层中越冬。次年4月树木萌芽时，成虫出土危害嫩芽及花蕾。5月底，幼虫大量出现，生活于土中。成虫白天活动，早晚停歇不动，并有假死性、趋光性。

金龟子类防治方法

1. 成虫防治

（1）利用成虫假死性，用人工击落法捕杀成虫；

（2）设置黑光灯诱杀成虫；

（3）化学防治：在成虫盛发期，喷洒90%敌百虫1000～1500倍液，杀灭成虫。

2. 蛴螬防治

（1）圃地必须使用充分腐熟的有机肥，或药肥混用。

（2）土壤处理：用50%辛硫磷颗粒剂，30～37.5kg/hm²均匀撒于地面，于移栽苗或播种前翻耕，耙耘田地。在幼林地上，则可用药土穴施。

（3）苗木出土后或幼林发现蛴螬为害根部，可均匀打洞灌施75%辛硫磷，50%磷胺等1000～1500倍液，毒杀幼虫。

第二节　刺吸类害虫及螨类

一、桃蚜　*Myzus persicae*（Sulzer）

1．分类

该虫属半翅目蚜科。

2．危害树种

除海棠外，还有樱花、桃树、李树、杏树、梅花、月季、石榴、夹竹桃等树种。蚜虫可群集在嫩梢、嫩叶上危害，致叶片呈苍白色卷曲（图31-3）。

3．形态特点

（1）成虫

无翅孤雌蚜体长2.2mm，体呈绿色、黄色或赤褐色，额瘤明显。腹管圆筒形，各节有瓦纹、端部有突，尾片圆锥形，于端部近2/3处收缩，上生曲毛6～7根（图31-2）。

有翅孤雌蚜头、胸部黑色，腹部颜色呈现绿色、红褐色，背面有黑斑。腹管端部黑色，圆筒形。尾片圆锥形，黑色，其上有曲毛6根（图31-1）。

（2）若虫

体较小，近似于无翅孤雌胎生雌蚜，淡绿色或淡红色。

4．生物学特性

1年发生10～20代，以卵在芽的基部越冬。次年春季，当桃树发芽时，越冬卵开始孵化为干母，群集在芽、叶片上危害，并不断进行孤雌生殖，4～5月份，产生有翅蚜迁飞、扩散，危害十字花科植物，晚秋，迁飞至海棠等蔷薇科树种上，产生雌、雄个体，交配产卵，越冬。

5．防治方法

（1）在栽培区，用黄色塑料板，其上涂一层机油，然后每隔2m，置1块，可以诱粘有翅蚜。

（2）早春，桃树发芽时，喷波美5度的石硫合剂、50%柴油乳剂，可收到良好效果。

（3）若虫出现期，以50%久效磷乳油3000倍液喷洒，杀死若虫。

二、大青叶蝉 *Cicadella virides* L

1．分类

该虫又叫大绿跳蝉，大青浮尘子，属半翅目叶蝉科。

2．危害树种

除海棠外，还有樱花、梅花、梨树、葡萄、月季、杜鹃、杨树、柳树、刺槐、柑橘、核桃等树种。受害叶片上呈现若干个小的白色斑点（图32－2）。

3．形态特点

（1）成虫

雌虫体长10mm左右，雄虫较小。成虫头顶有1对黑斑，复眼为三角形、绿色。胸部背面青绿色，腹部背面为蓝色。胸部、腹部的腹面以及足为橙黄色。前翅青绿色，略带蓝色；后翅为烟黑色（图32－1）。

（2）若虫

1～2龄的为灰白色，3～4龄的为黄绿色，并有翅芽出现。

4．生物学特性

1年发生3～5代，以卵越冬。越冬部位为田边、沟边、荒草地上禾本科杂草的茎秆组织内。卵于次年3～4月间孵化，初孵若虫群集取食。成虫受惊时能跃足振翅飞行。

5．防治方法

(1) 加强苗圃地管理，清除杂草、虫卵，统一处理。

(2) 以黑光灯诱杀成虫。

(3) 化学防治

以50%杀螟松1000倍液或西维因可湿性粉剂400倍液喷洒，效果良好。

三、桃一点叶蝉 *Erythroneura sudra* (Distant)

1．分类

该虫又名浮尘子，属半翅目叶蝉科。

2．危害树种

除海棠外，还有月季、蔷薇、梅花、桃树、山楂、樱花、柑橘等树种。该虫严重危害时，致使叶片呈现苍白色，早期落叶（图33－1）。

3．形态特点

(1) 成虫

体长3～4mm，全体绿色，表面覆盖一层白色蜡质。头顶短而阔，头顶与额交界处的中央，有1个大而圆的黑色斑点。前胸背板前半部黄色，后半部带绿色。小盾片基缘近两基角处，各有1条黑色斑纹（图33－2）。

(2) 若虫

翅芽黄绿色，复眼紫黑色。

4．生物学特性

江苏1年发生4代，以成虫在常绿的柏树、柳杉、松树上越冬。3月上旬，越冬成虫向蔷薇科树种上迁移，7～9月为发生盛期，10月，再迁至常绿树上越冬。成虫于清晨、傍晚、雨天不活动，在晴天高温天气行动活跃，在花期危害花瓣、花萼，落花后，则危害叶片。成虫产卵于寄主树种的叶背主脉内，以近基部为多，少数产在叶柄上。

5．防治方法

化学防治，需掌握三个关键时期：

（1）越冬代成虫的迁飞期；

（2）5月中下旬，第1代若虫孵化盛期；

（3）7月中下旬，第2代若虫孵化盛期。

有效药剂为40%乐果乳剂2000倍液或50%马拉硫磷乳剂2000倍液。

四、日本龟蜡蚧 *Ceroplastes japonica* Green

1．分类

该虫属半翅目蜡蚧科。

2．危害树种

除海棠外，还有月季、蔷薇、贴梗海棠、海桐、黄杨、栀子、悬铃木、雪松、重阳木、女贞、夹竹桃、紫薇、广玉兰、枸骨等树种。该虫危害树梢、叶片，严重时，使枝叶干枯（图34－1、图34－2）。

3．形态特点

（1）成虫

雌成虫体长4mm，卵形，红褐色，体表覆盖一层不透明的灰白色蜡壳，并划分成块状，背中央隆起。

（2）若虫

雌若虫蜡壳与雌成虫相似，雄若虫蜡壳白色，椭圆形，周围有放射状蜡芒。

4．生物学特性

1年发生1代，以雌虫在枝条上越冬。成虫于5月中旬产卵，若虫于6月上旬大量出现，群集于叶片与嫩枝上危害。该虫产卵期长，产卵量大，若虫发生期不一致，给防治工作带来一定困难。

五、朝鲜球坚蚧 *Didesmococcus koreanus* Borchs

1．分类

该虫属半翅目蜡蚧科。

2．危害树种

除海棠外，还有梅花、樱花、红叶李、杏树、碧桃等树种。该虫危害枝干，引起植株枯萎（图35－1、图35－2）。

3．形态特点

（1）成虫

雌虫近球形，直径4～5mm，黑褐色至红褐色，体表有小刻点。肛门发达，气门腺路宽，多孔腺在腹板上集成宽带。

雄虫椭圆形，较小，深红色，腹端有针状交尾器。

（2）若虫

椭圆形，淡褐色，背面有纵纹，被覆白色蜡粉，腹末有2条尾丝。

4．生物学特性

1年发生1代，以若虫在树皮下或树皮裂缝中越冬。次年3月，若虫开始活动，直至4月底，该期间危害最严重，夏秋两季危害较轻。

蚧壳虫类防治方法

1．检疫措施

在调运苗木时注意检疫，如发现有严重危害的蚧虫，则应采取有效杀灭措施后再栽植。

2．加强抚育管理

在苗圃或造林地，应加强抚育管理、合理施肥，确定合理的种植密度，增强树势，提高抗虫能力。同时，还应注意选育抗虫品种。

3．人工防治

冬季或早春结合修剪，剪去部分有虫枝，集中烧毁，以减少越冬虫口基数。发生数量较少时，则可用人工方法刷除枝叶上的蚧虫。

4．化学防治

冬季喷施10～15倍松脂合剂或40～50倍机油乳剂杀灭越冬

雌虫或若虫。在若虫孵化盛期，尚未形成介壳前，用50%杀螟松1000～1500倍液喷洒树冠，每隔7～10d一次，连续喷2～3次，杀灭初孵若虫。

5．保护天敌

介壳虫类天敌众多，如澳洲瓢虫捕食吹绵蚧，大红瓢虫和红缘黑瓢虫捕食草履蚧，红点唇瓢虫捕食龟蜡蚧、桑白蚧等。寄生盾蚧的有蚜小蜂、跳小蜂、缨小蜂等。因此，在防治蚧壳虫的同时应注意采取有效措施保护各种天敌。

六、梨冠网蝽 *Stephanitis nashi* Esaki et Takeya

1．分类

该虫属半翅目网蝽科

2．危害树种

除海棠外，还有贴梗海棠、桃树、梨树、苹果、梅花、樱花、月季、杜鹃等树种。该虫危害叶片，使叶正面产生白色斑点，叶背呈锈色，并有大量褐色排泄物（图36－2）。

3．形态特点

（1）成虫

体长3.5mm，扁平，深褐色。前胸背板中央隆起，并向后延伸成叶状突起，两侧向外突出成翼片状。前翅略呈长方形，有黑褐色斑纹。静止时，两翅叠起，斑纹呈现"X"状。该虫胸部、腹面呈现黑褐色，外敷白粉，腹部金黄色，有黑色斑纹。足黄褐色（图36－1）。

（2）若虫

虫体1.9mm左右，暗褐色，在前胸、中胸与腹部第3～8节的两侧，均有锥状刺突。

4．生物学特性

1年发生代数，各地不一，常为3～6代，以成虫在树皮缝中、枯枝落叶上、杂草丛中或土表等处越冬。4月上旬，成虫开始取食，7～8月间危害最盛。

5．防治方法

（1）冬季清除落叶、杂草，结合耕翻土地。

（2）9月，可在树干上扎草，诱集越冬成虫。

（3）春季，成虫活动期至第1代若虫出现阶段，可喷药防治，50%马拉硫磷乳剂1500倍液有一定防治效果。

七、绿盲蝽　*Apolygus lucorum* Meyer-Dür

1．分类

该虫属半翅目盲蝽科。

2．危害树种

除海棠外，还有苹果、桃树、月季、扶桑、石榴、山茶、木槿、紫薇、杞柳等树种。成虫、若虫喜群集危害树木生长点部位未展开的嫩叶，致使叶片卷曲呈球形。在扶桑上，危害花蕾，受害花蕾会流出黑色汁液（图37－2）。

3．形态特点

（1）成虫

体长5～5.5mm，黄绿色或淡绿色。头呈三角形，体背面圆形凸起，黄褐色。前胸背板前缘有脊棱。足绿色，腿节膨大，胫节刺呈黑褐色，跗节3节，黑色（图37－1）。

（2）若虫

体鲜绿色，体长约3mm。老熟若虫体密布黑色毛，触角淡黄色，尖端黑色，长达后足的后缘。翅芽尖端黑色，长达腹部第4节。足较短，淡黄色。

4．生物学特性

1年中发生代数，因地而异，3～7代，以卵越冬。越冬部位为植株枝干伤口处。次年春天，当气温达到15℃以上时，开始孵化。4月为若虫出现盛期，5月羽化为成虫。该虫喜多雨潮湿的环境，白天隐蔽，傍晚后进行危害。

5．防治方法

（1）清除杂草，减少繁殖场所。

（2）在若虫出现期喷药防治，连续2～3次有效。药剂中，50%辛硫磷乳油1000倍液、50%马拉硫磷乳油1000倍液、40%乐果1000倍液等，均有较好效果。

八、山楂叶螨 *Tetranychus viennensis* Zacher

1．分类

该虫属于蜱螨目叶螨科。

2．危害树种

除海棠外，还有苹果、梨树、桃树、杏树、李树、山楂、樱花、贴梗海棠等树种。该虫危害叶片，使叶片呈现失绿斑点，直至枯黄、脱落。

3．形态特点

（1）成虫

雌虫体长0.5mm，椭圆形，深红色。足与颚体部分橘黄色。雄体末端尖细，呈橘黄色（图38－1）。

（2）若虫

虫体近球形，绿色，足4对（图38－3）。

4．生物学特性

北方地区，1年发生6～9代，以成虫在枝干树皮缝隙、干基部、枯枝落叶上或土表缝隙等处越冬。春季在嫩叶与开花期，若螨群集危害。在高温、干旱的天气条件下，有利于螨的繁殖与危害，至11月份，开始越冬。

5．防治方法

（1）秋季，在树干下部束草，诱集越冬成虫。冬季，可刮除干基部老的树皮，搜集处理。

（2）在若螨盛发期，可喷洒40%氧化乐果1000～1500倍液或73%

克螨特乳油2000倍液，有较好的防治效果。

第三节　钻蛀类害虫

一、天牛类

天牛为蛀干害虫。危害海棠的天牛主要有4种，它们属鞘翅目天牛科。天牛类的危害，主要以成虫啃食嫩枝、树干的皮层，以幼虫蛀食枝干韧皮部以及木质部，在其内形成不规则蛀道，导致树势生长衰弱，枝、干风折，甚至全株枯死。

（一）星天牛 *Anoplophora chinensis*（Forster）

1．危害树种

除海棠外，还有樱花、合欢、相思树、悬铃木、杨树、柳树、榆树、刺槐、苦楝、无花果、核桃、罗汉松等树种。幼虫可蛀食干基及主根，引起植株生长衰弱或枯死。

2．形态特点

（1）成虫

体长19～39mm，黑色，具有小白斑。头部与体腹面生有灰色细毛。触角第3～11节，每节基部有淡蓝色环。鞘翅基部密布颗粒，其表面有白色细毛组成的斑点（图39-1）。

（2）幼虫

体长45～67mm，淡黄色。前胸背板上左右各有1个褐色飞鸟形斑纹，在其后方，有一块"凸"字形大斑纹，并稍稍隆起。胸足退化、消失（图39-2）。

3．生物学特性

1年发生1代，以幼虫在树干基部木质部内或根内越冬。5～6月份为成虫羽化盛期，直至8月下旬。成虫补充营养后，咬刻槽产卵。幼虫在树干皮下取食，可深达表土下17cm的部位。虫道长度可达

50～60cm。

（二）桑天牛 *Apriona germari*（Hope）

1．危害树种

除海棠外，还有樱花、无花果、桑树、构树、杨树、柳树、榆树、枇杷、苹果、梨树、枣树等树种。成虫补充营养，幼虫蛀食枝干，致枝梢枯死。

2．形态特点

（1）成虫

体长35～40mm，体与鞘翅黑褐色，其上密被黄褐色的绒毛。头部中央有一纵沟，前胸近方形，背面有数条横皱纹，有侧刺突（图40-1）。

（2）幼虫

乳白色，圆筒形。前胸背板后半部密生颗粒状小突起（图40-2）。

3．生物学特性

江苏等地2年1代，以幼虫越冬。7月下旬，幼虫出现，向下蛀食，并隔一定距离咬成圆形排泄孔直达根部。

（三）梨眼天牛 *Bacchisa fortunei*（Thomson）

1．危害树种

除海棠外，还有桃树、杏树、梨树、石楠等树种。幼虫蛀食树干，树皮破裂后，其内充满烟丝状木屑（图41-2）。

2．形态特点

（1）成虫

虫体圆筒形，橙黄色，长8～11mm。鞘翅蓝紫色，有光泽。复眼黑色，分为上、下两叶。触角上密生长细毛。雌虫腹部末节较长，中央有1条纵纹（图41-1）。

（2）幼虫

体长18～21mm，呈现长筒形，淡黄色。头黄褐色，上颚大。前胸背板方形，骨片黄褐色。足退化，呈现瘤刺状。腹部1～7节的背腹板方形，上有瘤突。

3．生物学特性

2年1代，多以3龄幼虫在坑道中越冬。4月化蛹，5月为羽化期。成虫取食树皮、叶柄。并在2～3年枝上咬一"H"形刻痕，然后产卵。幼虫初食韧皮部，2龄后，蛀入木质部。老熟幼虫在蛀道蛹室中化蛹。

（四）薄翅锯天牛 *Megopis sinica* White

1．危害树种

除海棠外，还有苹果、白蜡、枣树、桑树、杨树、柳树、雪松、黑松、马尾松等树种。幼虫蛀食木质部，严重时，使植株枯死（图42-3）。

2．形态特点

（1）成虫

虫体暗褐色，长32～52mm。头部生有颗粒状刻点，上颚黑色，前额中央凹陷，有1条纵沟。口器为前口式。鞘翅薄，如革质，带棕色。雌虫前胸背板呈现梯形。鞘翅宽于前胸，其上密生小刻点。鞘翅表面有3条明显的纵脊（图42-1、图42-2）。

（2）幼虫

体圆筒形，乳白色，长60～70mm。前胸背板淡黄色，中央有1条纵线，两边有凹陷的斜纹1对。

3．生物学特性

2年完成1代，6～7月间，成虫出现，咬食树皮、交配产卵。卵多产于生长衰弱木上。幼虫向上下蛀食木质部，老熟后，在近树皮部位作蛹室，化蛹。

天牛类防治方法

1．在海棠园圃周围避免选用杨、柳、糖槭等天牛易危害树种作防护林。对已有的上述树种防护林，则应加强对天牛的防治，或注意更换其他树种。

2．冬季清园后树干涂白

2月份，用生石灰：80%敌敌畏乳剂：食盐：水（50：1：10：190）配制成涂白剂涂刷树干，防止成虫产卵。

3．结合冬、夏修剪，人工剪除被害枝，集中烧毁。

4．人工捕杀

6~7月利用成虫羽化后，每天上午6~8时栖息于树干的习性，进行人工捕杀成虫。检查树干，若发现有新鲜蛀屑虫粪排出的蛀孔，可用带钩铁丝伸入蛀道钩杀幼虫。

5．化学防治

以80%敌敌畏10倍液注入蛀孔，以油灰封口毒杀幼虫。成虫期，以绿色威雷（8%高效氯氰菊酯微胶囊）150~200倍液喷枝干，毒杀成虫。

6．保护天敌

天牛的天敌有蚂蚁、寄生蜂、花绒坚甲、啄木鸟、白僵菌、斯氏线虫等，经营活动中，应注意这些天敌的保护和利用。

二、小线角木蠹蛾 *Holcocerus insularis* Staudinger

1．分类

该虫又称小褐木蠹蛾，属鳞翅目木蠹蛾科。

2．危害树种

除海棠外，还有山楂、苹果、榆叶梅、冬青、卫矛、元宝枫、悬铃木、白玉兰、白蜡、构树、丁香、榆树、国槐、银杏、柳树等树种。

受害植株易发生风折、枝枯，甚至完全枯死（图43-3）。

3．形态特点

（1）成虫

虫体灰褐色。雌虫体长18~28mm，翅展36~55mm；雄虫体长14~25mm，翅展31~46mm。雌、雄触角均为线状，很细。雌虫触角鞭节58~60节，雄虫触角鞭节71~73节。下唇须灰褐色，伸达复眼前缘。头顶毛丛鼠灰色，胸背部暗红褐色。腹部较长。前翅顶角极为钝圆，翅长为臀角处宽的2.1倍，翅面密布许多细而碎的条纹；亚外缘线顶端近前缘处呈小"Y"字形，向里延伸为一黑线纹，但变化较大；外横线以内至基角处，翅面均为暗色，缘毛灰色，有明显的暗格纹。后翅色较深，有不明显的细褐纹，缘毛暗色格纹不明显。中足胫节1对距，后足胫节2对距，中距位于胫节端部1/3处，后足基跗节不膨大，中垫退化。翅面花纹及翅脉常有变化（图43-1）。

（2）幼虫

体长显著小，老龄幼虫体长仅达30～38mm。胸、腹部背面浅红色，每一体节后半部色淡，腹面黄白色。头部褐色，前胸背板有深褐色斑纹，中间有"◇"形白斑，中、后胸背板半骨化的斑纹均为浅褐色（图43-2）。

（3）蛹

纺锤形，暗褐色。雌蛹体长16～34mm，雄蛹长14～28mm。腹节背面有刺列，雌蛹第1至第6节为2行，第7至第9节为1行；雄蛹1至7节为2行，第8、9节为1行。腹末肛孔外有3对齿突。

4．生物学特性

在济南主要为2年1代，幼虫两次越冬，跨3个年度，世代发育历期640～723d。少数为1年1代，幼虫越冬1次，跨经2个年度，世代发育历期342～408d。成虫初见期6月上旬，终期为9月中旬，以7月上、中旬为盛期。越冬后出蛰幼虫于5月上旬开始在树干蛀道内化蛹，5月下旬至6月下旬为盛期，末期为8月上旬。成虫羽化，在一天中以18～21时最盛。羽化前蛹从蛹室移至排粪孔口，腹部留在孔内，胸部露出孔外，约经15～30min后，成虫顶破蛹壳而出，蛹壳仍留在排粪孔口。一般1个排粪孔有几个蛹壳簇拥在一起，经久不脱落。成虫羽化后，沿树干缓慢爬行，不时舒展两翅，经40min左右，即可飞行。成虫白天藏于树洞、根际草丛及枝梢处静伏不动，夜间活动，以20～23时最为活跃。雌、雄成虫均有趋光性，但雌虫强于雄虫。成虫羽化后当晚即可交尾，交尾后4h即可产卵。雄虫多数一生只交尾1次，雌虫有多次交尾现象。产卵部位多在树皮裂缝、伤痕、洞孔边缘及旧排粪孔附近等处。产卵高度以主干及分枝处较多。产卵量为43～446粒，孕卵87～924粒。卵粒多数粘成块状，少数散产，无覆盖物。每只雌虫可连续产卵1～6d。卵期9～21d。野外孵化率为84.6%～92.5%。成虫寿命：雌虫2～10d，雄虫1～13d。

初孵幼虫有群集性。幼虫孵化后先取食卵壳，然后蛀入皮层、韧皮部危害，3龄以后各自向木质部钻蛀，形成椭圆形侵入孔。蛀入髓心的幼虫向上、下及周围侵害，形成不规则隧道，长达50～100cm。其中，常有数头或数十头幼虫聚集一隧道内危害，因此，对树干破坏性较大。幼虫的排粪孔形状不一，多为长椭圆形。从侵入孔每隔7～8cm向外咬一排粪孔。幼虫排出粪屑的颜色，常因寄主材质色泽而异。粪屑粘连成棉絮状悬挂在排粪孔周围的枝干上。被害严重的树干、树枝几乎全部被粪屑包裹。幼虫于10月开始越冬，当年孵化的幼虫不作越冬室，直接在隧道内越冬，二年群幼虫在隧道顶端用粪屑作椭圆形小室，在其内越冬。幼虫一般不转移危害，但遇被害枝干折断或树干被砍伐后，木材干燥时，才转移危害。幼虫老熟后，在隧道孔口靠近皮层处粘木丝粪屑作椭圆形蛹室。蛹期17～26d。

木蠹蛾类防治方法

（1）伐除被害严重的濒死木或枯立木，剪除虫害枯萎的大枝，集中烧毁，以减少虫源。

（2）加强抚育管理及林木保护，防止形成机械损伤，以减少幼虫的侵入。

（3）药剂喷干。在幼虫孵化期，50%杀螟松1000倍或2.5%溴氰菊酯3000倍液喷干及大枝基部杀灭初孵幼虫。

（4）药剂注孔。自4月起定期检查海棠树干，发现有新鲜虫粪蛀屑排出的蛀道口时，可向蛀孔内注入10倍有机磷农药（50%杀螟松等），并用油灰封闭蛀道口；也可用棉花蘸药堵塞虫道口，杀死蛀道内幼虫。

三、金缘吉丁虫 *Lampra limbata* Gebier

1．分类

该虫属鞘翅目吉丁虫科。

2．危害树种

除海棠外，还有苹果、梨树、花红、沙果等树种。幼虫危害枝干皮层，且纵向、横向蛀食，致树势生长衰弱，直至完全枯死（图44-3）。

3．形态特点

（1）成虫

体绿色，具有金属光泽。体长13～16mm。鞘翅上有几条蓝黑色的纵纹，中央1条明显（图44-1）。

（2）幼虫

体长36mm，扁平，乳白色。前胸宽大，背板黄褐色，中央具有"人"字形凹纹。腹部细长（图44-2）。

4．生物学特性

江苏地区，1～2年发生1代，以幼虫越冬。越冬部位，多在皮层部。随虫龄增加，幼虫蛀入木质部，3月下旬开始化蛹，4月下旬开始羽化。成虫出孔后，取食树叶，有假死性。

5．防治方法

（1）在成虫羽化前，去除枯株、枯枝后烧毁，以减少虫源。

（2）在幼虫危害的枝干变黑凹陷部位，以利刀刻入数道痕，深达木质部，可杀死幼虫。

（3）在成虫羽化初期，可喷洒药剂：90%敌百虫600倍液或20%菊杀乳油800~1000倍液，对杀死成虫有良好效果。

四、梨小食心虫 *Grapholitha molesta* Busck

1．分类

该虫属鳞翅目卷蛾科。

2．危害树种

除海棠外，还有梨树、苹果、桃树、李树、杏树、樱桃、山楂、枇杷等树种。幼虫蛀食果实、主干及新梢，引起果腐或新梢枯死（图45-3）。

3．形态特点

（1）成虫

体长4.6~6.0mm，翅展10.6~15mm，雌雄相似。虫体灰褐色，无光泽。前翅上密布白色鳞片，其前缘有10组白色斜纹。停歇时，两翅合拢，成为钝角（图45-1）。

（2）幼虫

体长10~13mm，淡黄色或粉红色，头部黄褐色。臀板上有深褐色斑点，臀栉上具有4~7根刺（图45-2）。

（3）虫茧

丝质，白色。

4．生物学特性

1年发生6~7代，以老熟幼虫越冬。越冬场所主要为树干基部的树皮裂缝或土表处。虫口量的大小与雨水多少有关，空气湿度大产卵量高，危害严重。

5．防治方法

（1）消灭越冬幼虫

冬春结合清园，刮除粗糙的树皮，然后统一烧毁。

（2）成虫羽化高峰期，喷药防治。50%西维因可湿性粉剂500倍液，有效。

喷药时期的预测：在诱捕器的诱芯中放入梨小性外激素约

200μg，可诱捕雄蛾。若连续几天出现雄蛾大大增加，则为喷药的最佳时间。

（3）建立新的海棠圃地，应避免多种受害树种混植在一起。

五、单环透翅蛾 *Synanthedon unocingulata* Bartel

1．分类

该虫属鳞翅目透翅蛾科。

2．危害树种

该虫危害海棠、苹果树的枝干，导致植株生长衰弱。

3．形态特点

（1）成虫

雌虫体长13～15mm，雄虫为12～14mm。虫体紫黑色，略有光泽。触角背面灰黑色，腹面灰黄色。头基部有1圈黄色鳞片。腹部第2节背面后缘有黄色鳞片，并形成1个窄的黄色环带，第4节背面有1个宽的黄色环带。翅的中央部分透明，边缘与翅脉黑色。雌蛾腹末具有黑色毛丛（图46-1）。雄蛾腹末黑色，毛丛呈现扇形，边缘有黄色粗毛（图46-2）。

（2）幼虫

体长26mm，乳白色。头壳黄褐色，体表有刚毛，腹足4对。

4．生物学特性

在北方1年发生1代，以幼虫于树皮下蛀道中的薄茧内越冬。

5月中旬化蛹，下旬羽化，6月上旬，进入羽化盛期，中旬出现幼虫。8月中旬，在树干上可见红褐色颗粒状排泄物。

幼虫取食韧皮部与木质部间的组织。蛀道与树干平行，钻入深度达3～4mm，长度约5cm。

5．防治方法

（1）秋冬或早春期，结合养护，检查植株，注意观察，若发现有红褐色粪便和黏液时，则可用小刀挖入，以杀死幼虫，或以80%敌敌畏乳油20倍液进行涂刷。

（2）8月上旬，幼虫大量出现时，以50%辛硫磷乳油700倍液喷洒枝干，可杀死幼虫。

第四节　地下害虫

一、东方蝼蛄 *Gryllotalpa orientalis* Burmeister．

1．分类

该虫属直翅目蝼蛄科。

2．危害树种

除海棠外，还有杨树、柳树、松树、柏树、悬铃木、雪松等树种。成虫、若虫在地下挖掘隧道，咬断苗木根茎，使苗木枯死。

3．形态特点

（1）成虫

虫体茶褐色或黑褐色，密生细毛。雄虫体长30mm，雌虫为33mm。前翅较短，达腹部中央部分，后翅超过腹部长度。后足胫节背侧内缘有3~4个棘刺。腹部末端具尾毛（图47）。

（2）卵

长椭圆形，大小为2~3mm，初为白色，后变为深褐色。

4．生物学特性

1年发生1代，以成虫、若虫在土穴中越冬。次年春季，成虫取食，开始活动。越冬若虫于5~6月间羽化为成虫。该虫晚间活动，有趋光性，且趋粪肥。土温15~27℃时，活动最盛，在土壤湿度大，沙质壤土的圃地，发生较严重。

5．防治方法

（1）冬春深翻土壤，清除杂草，施有机肥，需充分腐熟后，再施。

（2）灯光诱杀成虫。

（3）在危害期间，可喷药防治，以50%辛硫磷乳剂1000倍液泼浇，有效。

（4）毒饵诱杀

用40%乐果乳油10倍液与炒香的麦麸、谷壳、豆饼50kg搅拌在一起，制成毒饵，傍晚撒在圃地土表，进行诱杀。

二、华北蝼蛄 *Gryllotalpa unispina* Saussure

1．危害树种

除海棠外，还有杨树、柳树、松树、柏树、悬铃木等树种。该虫咬食苗木根茎或在土下筑隧道，使根土分离，苗木枯死。

2．形态特点

（1）成虫

成虫较东方蝼蛄大，雌虫体长45mm，雄虫长39mm，虫体黑褐色。前翅较短，覆盖腹部的长度，小于1/3，后翅纵折成条，突出腹部。腹部末端近圆形。前足腿节端部下缺刻成直角形，特化为开掘足。后足胫节背内侧有1个棘或消失（图48）。

（2）若虫

初孵若虫头部特别小，复眼淡红色，腹部肥大，乳白色，后体色加深。后足胫节棘0～2个。

3．生物学特性

3年完成一个世代，以成、若虫在土壤中越冬。次年春3～5月间，越冬成虫开始活动，6～7月为产卵盛期，7月下旬若虫出现。若虫共13龄。土下越冬深度可达60cm，有时达150cm。成虫喜在盐碱化，背阴干燥的土下产卵。

4．防治方法

参照东方蝼蛄。

参考文献

[1] 陈世骧, 谢蕴贞, 邓国藩.中国经济昆虫志（第一册）：鞘翅目, 天牛科 [M].北京：科学出版社, 1959.

[2] 陈有民.园林树木学 [M].北京：中国林业出版社, 2006.

[3] 戴芳澜.中国真菌总汇 [M].北京：科学出版社, 1979.

[4] 冯明祥, 邸淑艳.苹果病虫害及防治原色图册 [M].北京：金盾出版社, 2007.

[5] 韩熹莱.农药概论 [M].北京：北京农业大学出版社, 1995.

[6] 贺运春.真菌学 [M].北京：中国林业出版社, 2008.

[7] 花保祯, 周尧.中国木蠹蛾志（鳞翅目, 木蠹蛾科）[M].北京：天则出版社, 1990.

[8] 嵇保中, 刘曙雯, 张凯.昆虫学基础与常见种类识别 [M].北京：科学出版社, 2011.

[9] 李传道, 周仲铭, 鞠国柱.森林病理学通论 [M].北京：中国林业出版社, 1985.

[10] 李成德.森林昆虫学 [M].北京：中国林业出版社, 2007.

[11] 李周直.林业常用药剂 [M].北京：中国林业出版社, 1988.

[12] 刘永齐.经济林病虫害防治 [M].北京：中国林业出版社, 2001.

[13] 陆家云.植物病原真菌学 [M].北京：中国农业出版社, 2001.

[14] 苗建才.林木化学保护 [M].哈尔滨：东北林业大学出版社, 1990.

[15] 南京林业大学.中国林业辞典 [M].上海：上海科学技术出版社, 1994.

[16] 邵力平, 沈瑞祥, 张素轩, 等.真菌分类学 [M].北京：中国林业出版社, 1984.

[17] 束怀瑞等.苹果学 [M].北京：中国农业出版社, 1999.

[18] 王金友，冯明祥.新编苹果病虫害防治技术 [M].北京：金盾出版社，2008.

[19] 魏景超.真菌鉴定手册 [M].上海：上海科学技术出版社，1979.

[20] 西南林学院，云南省林业厅.云南森林病害 [M].昆明：云南科技出版社，1993.

[21] 夏宝池，赵云琴，沈百炎.中国园林植物保护 [M].南京：江苏科学技术出版社，1992.

[22] 萧刚柔.中国森林昆虫 [M].2版.北京：中国林业出版社，1992.

[23] 谢联辉.普通植物病理学 [M].北京：科学出版社，2006.

[24] 徐明慧.园林植物病虫害防治 [M].北京：中国林业出版社，1998.

[25] 薛建辉.森林生态学 [M].北京：中国林业出版社，2006.

[26] 杨旺.森林病理学 [M].北京：中国林业出版社，1996.

[27] 杨子琦，曹华国.园林植物病虫害防治图鉴 [M].北京：中国林业出版社，2002.

[28] 虞国跃.北京蛾类图谱 [M].北京：科学出版社，2015.

[29] 袁嗣令.中国乔灌木病害[M].北京：科学出版社，1997.

[30] 张执中.森林昆虫学 [M].北京：中国林业出版社，1997.

[31] 朱弘复等.蛾类图册 [M].北京：科学出版社，1975.

附　图

图1 白粉病症状

1-1 病叶

1-2 病稍

1-3 病花丛

来源 苹果病虫害及防治原色图册，
冯明祥，邱淑艳，2007

1-1

1-2

1-3

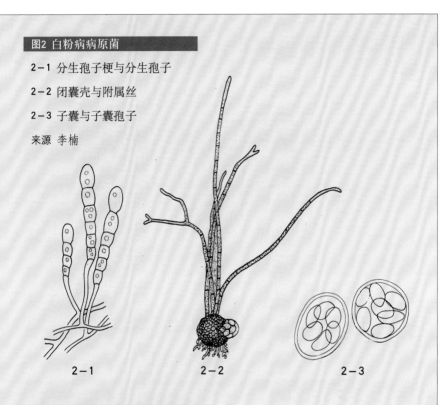

图2 白粉病病原菌

2-1 分生孢子梗与分生孢子

2-2 闭囊壳与附属丝

2-3 子囊与子囊孢子

来源 李楠

2-1　　　　　　　　2-2　　　　　　　　2-3

图3 桧柏上的三种锈病

3-1 桧柏梨锈病

来源 李传道

3-1

图3 桧柏上的三种锈病

3-2 桧柏苹果锈病

3-3 桧柏石楠锈病

来源 李传道

3-2   3-3

图4 桧柏梨锈病

4-1 海棠叶背面产生的锈孢子器

4-2 梨叶正面产生的性孢子器

来源 图4-1作者自拍；图4-2森
林病理学，杨旺，1996

4-1   4-2

**图5 桧柏上三种锈病的
病原菌冬孢子形态**

5-1 桧柏石楠锈病菌冬孢子

5-2 桧柏苹果锈病菌冬孢子

5-3 桧柏梨锈病菌冬孢子

来源 中国乔、灌木病害，袁嗣
令，1997

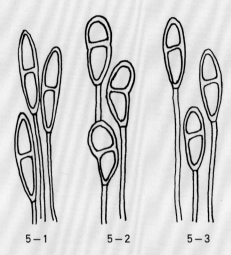

5-1   5-2   5-3

图6 腐烂病症状

6-1 病斑上产生的子实体

来源 园林植物病虫害防治图鉴，
杨子琦，曹华国，2002

6-1

图6 腐烂病症状

6-2 初期症状

6-3 后期症状

来源 园林植物病虫害防治图鉴, 杨子琦, 曹华国, 2002

6-2　　　　　　　　　　6-3

图7 腐烂病病原菌形态

7-1 有性世代

7-2 无性世代

来源 中国农作物病虫图谱, 中国农业科学院, 1959

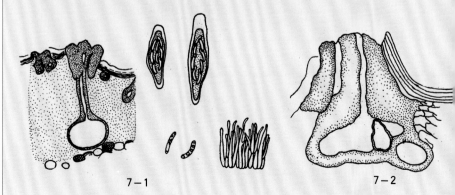

7-1　　　　　　　　　　7-2

图8 杨树根癌病症状及病原细菌

8-1、8-2 症状

8-3 病原细菌

来源 董元

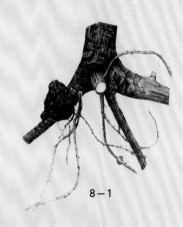

8-3

8-1

8-2

图9 桃树根癌病症状及病原细菌

9-1 桃树根癌病症状

9-2 病原细菌

来源 中国农作物病虫图谱，中国
农业科学院，1959

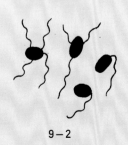

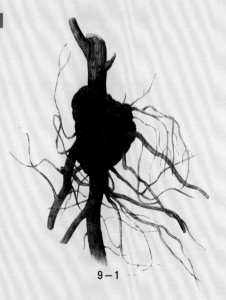

9-2

9-1

图10 苹掌舟蛾

10-1 成虫

10-2 低龄幼虫

10-3 老熟幼虫

10-4 危害状

来源 图10-1、10-2苹果病虫害及防治原
色图册，冯明祥，邱淑艳，2007；
10-3园林植物病虫害防治图鉴，杨
子琦，曹华国，2002，图10-4作者
自拍

10-2

10-1

10-3

10-4

图11 灰斑古毒蛾

11-1 成虫

11-2 成虫

11-3 卵

11-4 幼虫

11-5 蛹

11-6 蛹

11-7 茧

11-8 幼虫

11-9 危害状

来源 图11-1～11-7朱兴才；
图11-8、11-9，园林植物
病虫害防治图鉴，杨子琦，
曹华国，2002

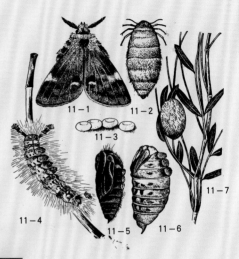

11-8

11-9

图12 银纹夜蛾

12-1 成虫

12-2 幼虫

来源 图12-1园林植物病虫害防治
图鉴，杨子琦，曹华国，
2002；图12-2网络

12-1

12-2

图13 枣桃六点天蛾

13-1 幼虫

13-2 成虫

来源 图13-1网络；图13-2园林
　　植物病虫害防治图鉴，杨子
　　琦，曹华国，2002；

13-1

13-2

图14 棉褐带卷蛾

14-1 成虫

来源 园林植物病虫害防治图鉴，杨
　　子琦，曹华国，2002；

14-1

图14 棉褐带卷蛾

14-2 幼虫

14-3 危害状

来源 图14-2园林植物病虫害防治
图鉴,杨子琦,曹华国,2002,
图14-3作者自拍

14-2

14-3

图15 棉大卷叶螟

15-1 成虫

15-2 幼虫

15-3 危害状 (结苞取食)

来源 园林植物病虫害防治图鉴,
杨子琦,曹华国,2002

15-1

15－2　　　　　　　　　　15－3

图16 梨叶斑蛾

16－1、16－2 成虫

16－3、16－4 幼虫

来源 园林植物病虫害防治图鉴,
　　 杨子琦,曹华国,2002

16－1

16－2

16－3

16－4

图17 绿尾大蚕蛾

17-1 成虫

17-2、17-3 幼虫及危害状

来源 园林植物病虫害防治图鉴，
　　　杨子琦，曹华国，2002

17-1

17-2

17-3

图18 天幕毛蛾

18-1、18-2 成虫

18-3 幼虫及危害状

来源 图18-1、18-2园林植物病
　　　虫害防治图鉴，杨子琦，曹
　　　华国，2002；图18-3网络

18-1

18－2　　　　　　　　　　18－3

图19 大袋蛾

19－1 成虫

19－2 护囊

19－3 幼虫

19－4 危害状

来源 园林植物病虫害防治图鉴,
　　　杨子琦,曹华国, 2002

19－1

19－2　　　　　19－3　　　　　19 －4

图20 茶袋蛾

20-1 成虫

20-2 护囊

20-3 危害状（乌桕）

来源 图20-1、20-2园林植物病虫
害防治图鉴，杨子琦，曹华
国，2002；图20-3作者自拍

20-1

20-2

20-3

图21 桑褶翅尺蛾

21-1 成虫

21-2 幼虫

21-3 茧

来源 园林植物病虫害防治图鉴，
杨子琦，曹华国，2002

21-1

21－2　　　　　　　　　　　　21－3

图22 黄刺蛾

22－1 成虫

22－2 幼虫

22－3 茧

来源 图22－1、22－3苹果病虫害及防
　　治原色图册，冯明祥，邱淑艳，
　　2007，图22－2作者自拍

22－1

22－2

22－3

图23 褐边绿刺蛾

23-1、23-2 成虫

23-3 幼虫

23-4 危害状

来源 图23-1园林植物病虫害防治
图鉴，杨子琦，曹华国，
2002；图23-2、23-3、
23-4作者自拍

23-1

23-3

23-2

图24 丽绿刺蛾

24-1 成虫

24-2 幼虫

来源 图24-1园林植物病虫害防治
图鉴，杨子琦，曹华国，
2002；图24-2作者自拍

23-4

24-2

24-1

图25 桑褐刺蛾

25-1 成虫

25-2 幼虫（红色型）

25-3 幼虫（黄色型）

来源 图25-1、25-3园林植物病
虫害防治图鉴，杨子琦，曹
华国，2002，图25-2作者
自拍

25-1

25-2

25-3

图26 扁刺蛾

26-1 成虫

26-2 幼虫

来源 图26-1园林植物病虫害防
治图鉴，杨子琦，曹华国，
2002，图26-2作者自拍

26-2

26-1

图27 大灰象甲

27－1 雌成虫

27－2 雄成虫

来源 园林植物病虫害防治图鉴,
　　　杨子琦, 曹华国, 2002

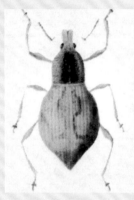 

27－1　　　　　　　　　27－2

图28 白星花金龟

28－1 成虫

28－2 危害状（月季）

来源 作者自拍

28－1　　　　　　　　　28－2

图29 铜绿丽金龟成虫

来源 网络

29

图30 苹毛丽金龟成虫

来源 苹果病虫害及防治原色图册，
　　冯明祥，邸淑艳，2007

30

图31 桃蚜

31－1 有翅蚜成虫

31－2 无翅蚜成虫

31－3 危害状（郁金香）

来源 园林植物病虫害防治图鉴，
杨子琦，曹华国，2002

31－1

31－2

31－3

图32 大叶青蝉

32 - 1 成虫

32 - 2 危害状

来源 江苏主要林木虫害防治技术
　　手册, 陈志银, 2012

32 - 1

32 - 2

图33 桃一点叶蝉

33—1 成、若虫聚集危害状

33—2 成虫

来源 园林植物病虫害防治图鉴，
　　　杨子琦，曹华国，2002

33—1

33—2

图34 日本龟蜡蚧

34—1 危害栀子花

34—2 危害黄杨

来源 园林植物病虫害防治图鉴，
　　　杨子琦，曹华国，2002

34—1

34—2

图35 朝鲜球坚蚧

35-1 危害海棠状

35-2 危害杏树状

来源 作者自拍

35-1

35-2

图36 梨网蝽

36-1 成虫

36-2 危害状

来源 作者自拍

36-1

36-2

图37 绿盲蝽

37−1 成虫

37−2 危害状（木槿）

来源 图37−1作者自拍；图37−2园
　　林植物病虫害防治图鉴，杨
　　子琦，曹华国，2002

37−1

37−2

图38 山楂叶螨

38−1 成螨

38−2 幼螨

38−3 正在蜕皮的若螨

来源 园林植物病虫害防治图鉴，
　　杨子琦，曹华国，2002

38−1

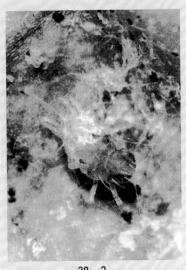

38-2

38-3

图39 星天牛

39-1 成虫

39-2 幼虫

来源 新编苹果病虫害防治技术,
  王金友, 冯明祥, 2008

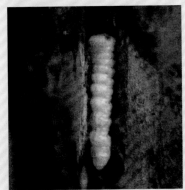

39-1

39-2

图40 桑天牛

40-1 成虫

40-2 幼虫

来源 作者自拍

40-1

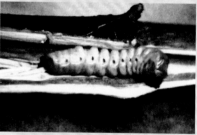

40-2

图41 梨眼天牛

41-1 成虫

41-2 危害状（丝状木屑）

来源 图41-1作者自拍；图41-2
　　园林植物病虫害防治图鉴，
　　杨子琦，曹华国，2002

41-1

41-2

图42 薄翅锯天牛

42-1、42-2 成虫

42-3 幼虫危害状

来源 图42-1、42-3园林植物
病虫害防治图鉴，杨子琦，曹华
国，2002，图42-2作者自拍

42-1   42-2   42-3

图43 小线角木蠹蛾

43-1 成虫

43-2 幼虫

43-3 危害状

来源 园林植物病虫害防治图鉴，
    杨子琦，曹华国，2002

43-1

43-2   43-3

图44 金缘吉丁虫

44-1 成虫

44-2 幼虫

44-3 危害状

来源 园林植物病虫害防治图鉴,
杨子琦,曹华国,2002

44-1

44-2

44-3

图45 梨小食心虫

45－1 成虫

45－2 幼虫

45－3 危害状

来源 图45－1、45－2新编苹果病
虫害防治技术，王金友，冯
明祥，2008；图45－3作者
自拍

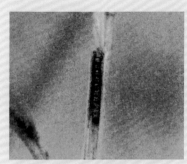

45－2

45－1

45－3

图46 单环透翅蛾成虫

46－1 雌蛾

46－2 雄蛾

摄影 仿中国园林植物保护，夏宝
池等，1992

46－1

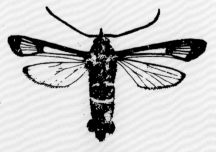

46－2

图47 东方蝼蛄

来源 园林植物病虫害防治图鉴，
　　 杨子琦，曹华国，2002

47

图48 华北蝼蛄

来源 园林植物病虫害防治图鉴，
　　 杨子琦，曹华国，2002

48